妈妈亲手做：
宝宝辅食添加

薛亦男◎主编

U0342304

山东城市出版传媒集团·济南出版社

图书在版编目（CIP）数据

妈妈亲手做：宝宝辅食添加 / 薛亦男主编. —
济南：济南出版社，2017.7
ISBN 978-7-5488-2660-6

Ⅰ . ①妈… Ⅱ . ①薛… Ⅲ . ①婴幼儿－食谱 Ⅳ .
① TS972.162

中国版本图书馆 CIP 数据核字（2017）第 166383 号

妈妈亲手做：宝宝辅食添加

出 版 人	崔 刚
策 划	孙凤文
责任编辑	张所建 宋书强
摄影摄像	深圳市金版文化发展股份有限公司
封面设计	深圳市金版文化发展股份有限公司
出版发行	济南出版社
地 址	山东省济南市二环南路 1 号（250002）
发行热线	0531-68810229 86116641 86131728
印 刷	青岛国彩印刷有限公司
版 次	2017 年 7 月第 1 版
印 次	2017 年 7 月第 1 次印刷
成品尺寸	170mm×240mm 16 开
印 张	10
字 数	220 千
印 数	1-5000 册
定 价	49.80 元

（济南版图书，如有印装错误，请与出版社联系调换。联系电话：0531-86131736）

目 录 Contents

Part 1
辅食添加基础课堂

Part 2
5～6个月，宝宝初尝辅食

Part 3 🍄
7~8个月，宝宝慢慢喜欢辅食

Part 4

9～11个月，宝宝辅食丰富多样

Part 5

12～18个月，宝宝越吃越有味

Part 6

19～36个月，让宝宝爱上吃饭

Part 7

调理宝宝不适，让妈妈更安心

Part 8

功能营养餐，让宝宝聪明又健康

说明：本书推荐的菜例中，食材和调料的分量并非一个宝宝一次的进食量。妈妈在制作宝宝辅食时，可以参考食材和调料的配比，结合宝宝的进食量，酌情选择。

Part 1

辅食添加基础课堂

妈妈掌握0~3岁宝宝的营养需求，为制作辅食打好基础。

添加辅食，食材不可缺，本章贴心地为妈妈提供了丰富的四季食材库，

为想亲手给宝宝制作辅食的妈妈上一堂内容丰富的培训课。

本章还为妈妈介绍了多种辅食制作工具，让新手妈妈也能轻松做辅食。

宝宝营养需求早知道

　　充足的营养是全面激发宝宝成长潜能的物质基础。根据宝宝成长的营养需求和季节变化为宝宝选择相应的食材，则能让宝宝顺应四时，吃得更安心，妈妈更放心。

宝宝成长必备营养素

 碳水化合物

碳水化合物是构成宝宝身体的重要物质，是宝宝不可或缺的成长能源。宝宝缺乏碳水化合物会出现全身乏力、便秘、身体发育迟缓等现象。

◎ **明星食材:** 小麦、燕麦、高粱、玉米、红薯、大米、糙米、水果等。

蛋白质

在宝宝体内新陈代谢过程中起催化作用的酶、调节生长和代谢的各种激素以及有免疫功能的抗体都是由蛋白质构成的。宝宝缺乏蛋白质会出现生长发育迟缓、偏食厌食、抵抗力下降等现象。

◎ **明星食材:** 牛奶、鸡蛋、鱼肉、猪肉、黄豆、豆腐、奶酪等。

脂肪

脂肪能为宝宝提供热量和身体必需的脂肪酸，促进脂溶性维生素的吸收。宝宝缺乏脂肪会出现身体消瘦、面无光泽，视功能较差，易患多种脂溶性维生素缺乏症等现象。

◎ **明星食材:** 猪肉、牛肉、鸡肉、鱼肉、鸡蛋、坚果、芝麻、奶油等。

叶酸

叶酸是细胞生长和造血过程中必需的营养物质，能增进宝宝的食欲，对维持宝宝的神经发育有重要影响。宝宝缺乏叶酸会出现发育不良、记忆力差、贫血、消化功能障碍等现象。

◎ **明星食材:** 菠菜、西蓝花、上海青（油菜）、小白菜、蘑菇、杏仁、腰果等。

胆碱

胆碱能直接进入宝宝的大脑细胞，产生一种有助于记忆的化学物质，还能控制胆固醇升高等。宝宝缺乏胆碱会出现健忘、胃溃疡、手脚痉挛等现象。

◎ **明星食材:** 蛋黄、猪肝、鸡肝、脑髓、麦芽、绿叶蔬菜等。

卵磷脂

卵磷脂更多地集中在神经系统、血液循环系统、免疫系统及肝、肾等重要器官中，能促进宝宝身体发育。宝宝缺乏卵磷脂会出现注意力不集中、记忆力下降、反应迟钝等现象。

◎ **明星食材:** 牛奶、鱼头、芝麻、蘑菇、山药、黑木耳、玉米油、黄豆、蛋黄等。

生物素

生物素是宝宝对脂肪和蛋白质进行正常基础代谢所必需的物质，能有效保护宝宝皮肤健康。宝宝缺乏生物素会出现疲乏、恶心、抑郁、皮肤干燥、肌肉疼痛、失眠等现象。

◎ **明星食材:** 猪肾、牛肝、蛋黄、牛奶、糙米、啤酒酵母等。

牛磺酸

牛磺酸是存在于人体组织器官中的一种氨基酸，对婴幼儿大脑发育、神经传导、视觉功能发育有良好的促进作用。宝宝缺乏牛磺酸会出现生长发育迟缓、记忆力差、神经细胞损伤等现象。

◎ **明星食材:** 沙丁鱼、墨鱼、鲈鱼、章鱼、牡蛎、牛肉等。

维生素 A

维生素 A 对宝宝的作用主要包括：增强身体抵抗力，维持神经系统的正常生理功能，还能很好地保护视力。宝宝缺乏维生素 A 会出现夜盲症，指甲脆弱，头发稀疏、干枯，牙齿和骨骼软化等现象。

◎ **明星食材:** 胡萝卜、鱼肝油、奶油、甜椒、西红柿等。

维生素 B_1

维生素 B_1 对宝宝的作用主要包括：增强肠胃和心脏肌肉的活动能力，促进食欲，保证心脏功能的正常运转。宝宝缺乏维生素 B_1 会出现食欲不振、消化不良、脚气、便秘、视神经发炎等现象。

◎ **明星食材:** 糙米、小麦、谷胚、瘦肉、蛋黄、核桃、松子等。

维生素 B_2

维生素 B_2 能支持宝宝的身体生长、组织细胞修复以及细胞呼吸，能促进宝宝的智力发育。宝宝缺乏维生素 B_2 会出现发育不良、口腔黏膜溃疡、眼睛疲劳、眼角膜异变等现象。

◎ **明星食材:** 牛奶、酸奶、奶酪、鳝鱼、香菇、芹菜、胡萝卜等。

维生素 B$_6$

维生素 B$_6$ 能协助宝宝产生抗体，调节宝宝的中枢神经系统，稳定宝宝的情绪，有很好的利尿效果。宝宝缺乏维生素 B$_6$ 会出现手脚麻木、痉挛，学习能力下降等现象，易患婴儿癫痫症，关节炎。

◎ **明星食材：** 小麦胚芽、香蕉、核桃、花生、白菜、瘦肉等。

维生素 B$_{12}$

维生素 B$_{12}$ 对宝宝的作用主要体现在促进生长发育、增进食欲、提高注意力、预防贫血等方面。宝宝缺乏维生素 B$_{12}$ 会出现厌食、贫血、四肢发麻、口吃、反应慢、注意力不集中等现象。

◎ **明星食材：** 牛奶、酸奶、奶酪、鱼类、动物肾脏等。

维生素 C

维生素 C 能有效对抗体内多余的自由基，还能促进钙、铁和叶酸的吸收利用，减少宝宝口腔问题等。宝宝缺乏维生素 C 会出现腹泻、贫血、牙龈出血、发育不良、抵抗力下降等问题。

◎ **明星食材：** 生菜、白菜、豌豆、甘蓝、青椒、猕猴桃、橙子、柚子等。

维生素 D

维生素 D 能促进宝宝生长和骨骼钙化，维护宝宝牙齿健康，预防佝偻病。宝宝缺乏维生素 D 会出现爱哭闹、多汗、出牙晚等小儿佝偻病症状。

◎ **明星食材：** 鱼肝油、蛋黄、芒果、西蓝花、菠菜、西红柿等。

维生素 E

维生素 E 能促进宝宝牙齿健全，有利于宝宝骨骼发育，是维持宝宝正常生理功能必不可少的营养物质。宝宝缺乏维生素 E 会出现生长迟缓，皮肤粗糙、干燥、缺乏光泽等现象，易患轻度溶血性贫血。

◎ **明星食材：** 玉米油、花生油、芝麻、榛子、松子、茄子、黄瓜等。

钙

钙对宝宝的作用主要有：强壮骨骼，促进牙齿的发育，维持神经、肌肉的正常作用。宝宝缺乏钙会出现头骨发软、骨骼脆弱、牙齿生长缓慢、关节肿大以及免疫力低下、容易感冒等现象。

◎ **明星食材：** 鸡肉、鸡蛋、猪肉、牛奶、豆制品、海鱼、胡萝卜等。

铁

铁对预防缺铁性贫血，促进宝宝生长发育的作用明显，还能提高宝宝抵抗疾病的能力。宝宝缺乏铁会出现皮肤苍白、反应迟钝、疲乏无力、食欲不振、智力下降等问题。

◎ **明星食材：**瘦肉、蛋黄、鱼、海带、黑木耳、黑芝麻等。

锌

锌对宝宝的作用主要包括：促进生长发育，提高免疫力，促进智力发育，增加食欲，缩短伤口愈合的时间。宝宝缺乏锌会出现注意力不集中、味觉减退、口腔溃疡反复发作、食欲不振等症状。

◎ **明星食材：**猪肉、海产品、鸡蛋、燕麦、豆类、玉米等。

镁

镁对宝宝神经系统的正常功能起着重要的维护作用，有助于保障宝宝心肌的正常收缩，缓解宝宝由消化不良引起的腹痛。宝宝缺乏镁会出现眼角、面肌、口角或肌肉抽搐，出汗，发热等现象。

◎ **明星食材：**深绿色食物、核桃、花生、杏仁、红薯等。

磷

磷对骨骼和牙齿的正常发育很重要，是维持正常心、肾功能必不可少的营养素，可促进牙龈和牙齿的健康，增加学习和运动的能力。宝宝缺乏磷会出现骨骼、牙齿不健康，发育缓慢等问题。

◎ **明星食材：**鱼、鸡肉、猪肉、谷物、坚果等。

碘

碘可促进宝宝智力发育，提高宝宝的学习能力和语言能力；维护宝宝头发、指甲、牙齿以及皮肤的健康；还可控制宝宝体重增长，避免肥胖。宝宝缺乏碘会出现学习能力低下、甲状腺肿大、肥胖等问题。

◎ **明星食材：**海带、淡菜、海鱼、鸡蛋、谷物等。

钠

钠对宝宝的作用主要包括：有助于钙和其他矿物质溶解于血液中，维持肌肉和神经系统的正常功能，维持体内的水平衡。宝宝缺乏钠会出现体重减轻、胃肠不适，天气炎热时容易虚脱或中暑等现象。

◎ **明星食材：**盐、水产品、甜菜、谷类、动物肾脏等。

贴心妈妈的四季食材库

食物种类	春季	夏季	秋季	冬季
谷物类	小麦、小米、高粱、大米、芝麻	玉米、糙米、大米、黑米	玉米、糯米、大米、小米、大麦、芝麻	大米、燕麦、糯米、黑米、芝麻
豆类及其制品	黄豆、蚕豆、豆腐、豆皮	绿豆、红豆、豆腐、豆皮	黄豆、豌豆、腰豆、扁豆、豆腐、豆皮	红豆、黑豆、黄豆、豆腐、豆皮
蔬菜、菌藻类	韭菜、春笋、菠菜、包菜（卷心菜）、小白菜、芹菜、蒜苗、豌豆苗、胡萝卜、莴笋、土豆、紫菜、海带	苋菜、空心菜、西红柿、黄瓜、茄子、苦瓜、丝瓜、豇豆、四季豆、豆芽、甜椒、秀珍菇、银耳	白萝卜、莲藕、红薯、山药、南瓜、冬瓜、胡萝卜、上海青、白菜、平菇、草菇	白萝卜、芥蓝、白菜、油麦菜、菠菜、西蓝花、花菜、金针菇、香菇、黑木耳
肉类	排骨、猪肉、鲫鱼、鳜鱼、鳕鱼、银鱼、扇贝、花甲（花蛤）、动物肝脏	鸡肉、鸭肉、猪肉、虾、鲳鱼、鲈鱼、黄花鱼、多宝鱼	猪肉、鱿鱼、鸡肉、蟹、草鱼、三文鱼、带鱼、泥鳅	羊肉、牛肉、猪肉、虾、墨鱼、鲢鱼、鳝鱼、鲍鱼、动物肝脏
水果类	草莓、菠萝、芒果、梨、樱桃	西瓜、李子、甜瓜、哈密瓜、桃、荔枝、葡萄、提子、桑葚、山竹	梨、柿子、苹果、橘子、橙子、柚子、枣、甘蔗、石榴、山楂、猕猴桃、火龙果	橙子、橘子、马蹄（荸荠）、香蕉
坚果类	花生、腰果、杏仁、松子	杏仁、松子、花生、腰果	板栗、核桃、南瓜子、葵花籽、西瓜子、花生	开心果、杏仁、腰果、松子、核桃、南瓜子、葵花籽、西瓜子、花生、葡萄干
其他	鸡蛋、鹌鹑蛋、牛奶、酸奶			

辅食添加课堂培训

宝宝长到五六个月时，妈妈就可以尝试给他添加辅食了。辅食的添加讲究一定的时机和原则，不同种类的辅食添加和制作的方法也有所差异。另外，要想给宝宝准备营养丰富、多种多样的辅食，工具是必不可少的，一起来看看吧！

 辅食添加的时机

🍼 宝宝需要添加辅食的信号

虽然大多数宝宝都可以在五六个月时添加辅食了，但是不同宝宝的生长发育情况有所差异，妈妈可以通过观察宝宝的表现，决定添加辅食的时间。一般来说，当宝宝想要且能够吃辅食时，会有以下七大信号：

◎ 抓到东西就往嘴里送；

◎ 对大人的食物表现出浓厚的兴趣；

◎ 当闻到食物的香味时，会不自觉地把脖子往前伸；

◎ 吞咽功能逐渐完善，挺舌反射消失；

◎ 变得特别容易饥饿，常常因为肚子饿哭闹；

◎ 烦躁情绪增加，常常无理哭闹；

◎ 生长缓慢，身高、体重等远低于标准值。

日常生活中，爸爸妈妈要密切关注宝宝的成长情况。当宝宝出现以上信号时，就要考虑给他添加辅食了，并根据宝宝的进食表现和反应，酌情增减辅食的量和变换辅食的种类等，为宝宝的成长发育提供充足的营养物质。

🍼 太早和太晚添加辅食都不好

给宝宝添加辅食，一定要掌握好时机，太早或太晚都不好，否则会给宝宝的生长发育和妈妈的身体恢复带来不利影响。

如果太早添加辅食，宝宝的消化系统发育尚不完善，尤其是消化酶功能不完善，唾液中淀粉酶活力低下，胰淀粉酶分泌少且活力低，会增加宝宝的肠胃负担，导致消化吸收不良，从而影响营养供给和健康发育；太晚添加辅食，宝宝所需的营养素不能及时得到补充，同样会减缓其生长发育的速度，甚至造成营养不良。

辅食添加的原则

从少到多

宝宝的胃容量很小，食量也较小，添加辅食应遵循从少到多的原则。第一次添加固体食品的量要少一些，以 1 ~ 2 勺为宜，待宝宝对一种食品耐受后再逐渐加量，以免引起宝宝消化功能紊乱。

由稀到稠

辅食添加的种类有很多，应由稀到稠，从流食、半流食开始给宝宝喂食。随着宝宝肠胃中各种消化酶的分泌增加、活性增强，消化道的容量增加，可以过渡到半固体、固体食物。

由细到粗

宝宝的牙齿和吞咽能力尚未发育完全，制作辅食时应尽可能精细，将食物处理成汤汁、泥糊状或碎末状，宝宝才容易咀嚼和吞咽。随着宝宝消化能力的增强，可逐渐增加颗粒状食物，并慢慢添加半固体、固体状的较粗食物，让宝宝的肠胃逐渐适应。

由一种到多种

开始时一次只能喂一种食物，可以选择新鲜、成熟的水果、蔬菜等，用汤或开水拌成泥状，并少量试吃。过 3 天至 1 星期左右，如果宝宝没有消化不良或过敏、腹泻、呕吐等不良反应，身体逐渐适应后，再添加另一种食物。千万不要让宝宝一次吃很多种食物，也不要一次性吃太多，以免造成积食，使喂养困难。

辅食应该少糖、少盐

1 岁以内的宝宝辅食，原则上应保持原味，尽量不加盐、糖以及刺激性的调味料。6 ~ 12 个月大的婴儿每天大约需要 350 毫克钠，一般情况下，正常进食的宝宝完全能够从奶类及其他辅食中摄入足够的钠来满足生理需要。1 ~ 3 岁的幼儿每天需要 700 毫克钠（相当于 1.8g 食盐），所以，1 岁以后的宝宝辅食可逐渐适当加盐，但要严格控制盐的摄入量，以免影响宝宝身体健康。

保证安全卫生

宝宝的辅食一定要单独制作。在制作辅食之前，所用的器皿以及装辅食的容器一定要消毒杀菌，食材也要选择新鲜的，严格保证辅食的安全和卫生。

不同辅食的添加制作方法

蔬果汁的添加制作方法

　　制作水果汁，应选择富含维生素 C 的新鲜、成熟的水果，如柑橘、草莓、桃子等。将水果洗净，去皮，用小刀把果肉切成小块，或直接搅碎，放入碗中，用消毒纱布挤出果汁，柑橘类水果也可以直接用榨汁器制取果汁。

　　制作蔬菜汁，应选用鲜嫩的当季蔬菜。将蔬菜洗净，切碎，放在沸水锅中焯一会儿，至去除涩味和杂质后捞出，放凉，将菜汁滤出。

　　无论是蔬菜汁还是水果汁，在喂宝宝之前最好用温开水稀释一倍，第一天每次只喂 1 汤匙，第二天每次 2 汤匙，第三天每次 3 汤匙……以此类推，逐渐增加喂的量。等到第十天，宝宝慢慢习惯后，就可以直接用奶瓶喂了，一天可以喂 3 次，一次 30 ~ 50 毫升。

鱼肝油的添加制作方法

　　宝宝生长发育快，对维生素 D 的需求量较大。由于母乳中的维生素 D 含量不足，宝宝自身合成的量也不多，因此需要从出生 2 周开始为其添加鱼肝油，早产儿可于出生后 1 ~ 2 周添加。

　　喂的时候，可以用滴管吸出一定剂量的鱼肝油，放进宝宝嘴角内或者舌下，让宝宝慢慢舔入，不宜将鱼肝油滴入奶瓶内让宝宝服用。建议在宝宝吃奶半小时后再喂，每天喂 1 滴。根据宝宝维生素 D 缺乏状态，建议使用 1 ~ 2 年，晒太阳较多的宝宝可适当减量。

淀粉类辅食的添加制作方法

　　宝宝在 5 个月后唾液腺逐渐发育完全，唾液分泌量增加，富含淀粉酶，因而可以尝试喂一些淀粉类辅食了，如米、面、米粉等，可以为宝宝的成长发育补充能量，还能培养其用汤匙进食半固体食物的饮食习惯。初食时，可将米粉调成糊状，开始较稀，逐渐加稠，先喂 1 汤匙，逐渐增至 3 ~ 4 汤匙，每日 2 次。等到宝宝乳牙逐渐长出后，改喂烂粥或烂面条。

米粉与米汤的添加制作方法

刚开始给宝宝添加米粉时，每次喂1～2勺即可，需用水调和均匀，不宜过稀或过稠，循序渐进地喂养宝宝。最好选择原味的米粉，因为水果味的米粉口味太好，容易造成宝宝挑食。

米汤富含蛋白质、脂肪、碳水化合物及钙、磷、铁、维生素等多种营养物质，能促进宝宝消化系统的发育。制作方法是将大米用清水淘洗干净，加水煮成烂粥，晾温后取米汤（米粥上的清液）30～40毫升，试喂宝宝。

蛋羹类辅食的添加制作方法

将鸡蛋制成蛋羹，不仅松软细嫩，清香爽口，而且富有营养、易消化，更有利于宝宝的生长发育。制作时，将鸡蛋打散，加适量温开水调匀，放入蒸锅中，用中小火蒸10～15分钟即可。也可以在鸡蛋羹里加入牛奶或者水果等，这样口感更丰富，营养也更全面。

泥糊类辅食的添加制作方法

将食材，如鱼肉、猪肉、猪肝、土豆、香蕉、蛋黄、豆腐等煮熟或蒸熟，切成薄片，然后用汤匙研磨碎，拌入米糊或稀饭中，即成泥糊类辅食。也可以直接拌匀后用汤匙喂给宝宝。泥糊类辅食易消化和吸收，还能增进宝宝食欲。

粥类辅食的添加制作方法

各种谷物如大米、小米、燕麦以及多种新鲜蔬菜等，都能混合制成富含营养、易消化的粥类辅食，还可以加入牛奶等，使口味更丰富。制作时，先将食材清洗干净，蔬菜等要切碎，然后加水，慢火熬煮成粥，等放凉后用勺喂宝宝即可，注意一次不要喂太多。

主食类辅食的添加制作方法

宝宝1岁之后，就可以像大人一样吃更多种类的食物了，像软饭、鸡蛋饼、面片、布丁、馄饨、饺子等主食都可以尝试。但要注意，因为宝宝的磨牙还没长出来，制作主食时宜软不宜硬。

辅食添加常用工具

制作工具

◎ **研磨器**：可分为研磨钵和研磨盘，适合研磨比较坚硬的蔬菜和水果。洗干净、去皮的蔬菜和水果，可以直接放在研磨器中磨碎。

◎ **榨汁机**：用来为宝宝制作果汁和菜汁。将蔬果洗净，切开去籽后，放入榨汁机中榨出蔬果汁。

◎ **磨泥器**：将食材洗净后，用磨泥器磨碎。

◎ **计量器**：可用来计算宝宝的辅食量。常见的有量匙、量杯和电子秤，可以根据需要称量不同材质的食物。

◎ **砧板**：处理宝宝的食材一定要使用专用的砧板，每次用之前先用开水烫一遍。竹制砧板不易滋生细菌，更适合给宝宝制作辅食时选用。

◎ **刀具**：包括菜刀、刨丝器等。一般不要跟大人的混用，切生食和熟食的刀一定要分开，每次使用后都要彻底清洗并晾干。

◎ **削皮器**：要去皮的食材，可以用削皮器削去外皮。可为宝宝专门准备一个，以保证卫生。

◎ **食物剪**：可根据宝宝的咀嚼和消化能力，将食物剪成合适的大小。

◎ **分蛋器**：宝宝刚加鸡蛋的时候只能加蛋黄，不加蛋清，分蛋器可将蛋黄和蛋清轻松分开。

保鲜工具

◎ **冷冻盒**：可以冷冻保存辅食，最好买带盒盖的。妈妈可以一次多做一些肉、蔬菜，放入辅食专用冷冻盒。

◎ **保鲜盒**：可将制作的多余辅食放入保鲜盒中保鲜，并标示日期，以免时间太长，造成食物变质。

◎ **保温罐**：带宝宝外出时，将辅食放入保温罐中，便于携带，而且保温效果很好。

Part 2

5~6个月，宝宝初尝辅食

宝宝初次添加辅食需要注意什么？该怎么喂？

本章根据宝宝生长发育的特点为妈妈们准备了科学的辅食喂养方法。

宝宝还没有断奶，辅食添加的时间如何选择？

这里有妈妈想要的答案，还有各种喂养经验供新手妈妈们参考。

辅食添加要点必知

这个阶段宝宝的消化功能虽然还不完善，但进步了许多，妈妈可以尝试喂一些辅食来增加宝宝的营养和锻炼宝宝的吞咽能力。但是母乳或配方乳喂养仍不可少，添加辅食时也要选择适合宝宝身体发育的食物。

 宝宝的生长变化

身体发育		5个月	6个月
体重（千克）	男宝宝	6.2~9.7	6.6~10.3
	女宝宝	5.9~9.0	6.2~9.5
身高（厘米）	男宝宝	62.4~71.6	64.0~73.2
	女宝宝	60.9~70.1	62.4~71.6
口腔变化		喜欢用舌头或小手触碰牙龈，喜欢将小手、玩具等放入嘴里吸吮；出现有意识的咬的动作	发育较快的宝宝开始长乳牙了，吞咽的能力增强
消化能力		胃容量增大很多，可添加少量细腻的半流质食物	消化系统已经比较成熟，胃液、胃消化酶也增多，能够消化一些淀粉类、泥糊状食物
智力发育		能分辨不同的声调，并做出反应；对爸爸妈妈的声音产生依赖，并会用眼睛寻找声音来源	看见自己的奶瓶会伸手去抓，能注意到镜子中的自己，喜欢玩自己的小手，有较精细和复杂的辨别能力

宝宝的喂养原则

继续坚持母乳或配方乳喂养

本阶段宝宝所需的营养仍然主要是通过吃母乳或配方乳获得的。妈妈不要因为开始给宝宝喂辅食而减少自己对营养的摄取，因为宝宝消化吸收辅食的能力有限，本阶段辅食的添加量很少，宝宝需要的脂肪、蛋白质等营养物质仍然主要依赖母乳或配方乳提供。如果辅食喂得过多，宝宝无法吸收，还会影响奶量的摄取，从而造成营养不足，影响生长发育。

尝试添加辅食

宝宝长到 5 个月以后，开始对乳汁以外的食物感兴趣了；即使 5 个月以前完全采用母乳喂养的宝宝，到了这个时候也会想吃母乳以外的食物了。当宝宝每日的摄奶量达到 1000 毫升以上，或者每次吃奶量超过 200 毫升时，为了防止母乳或配方乳无法满足宝宝营养需求，就应该增添辅食了。刚开始添加的辅食以流食或半流食为好。

可添加的食物

这一时期宝宝已进入离乳的初期，每天可给宝宝吃一些泥糊状食物，如蔬菜泥、水果泥、米粉等。还可添加一些流质食物，如果汁、蔬菜汁、米汤等。为了补充铁和动物蛋白，也可给宝宝吃烂粥、烂面条等补充热量。此时发育较快的宝宝已经准备长牙，有的宝宝已经长出了一两颗乳牙，可适当添加粗颗粒食物，这样可以通过咀嚼食物来训练宝宝的咀嚼能力。

在授乳前喂辅食

辅食和母乳或配方乳的喂养顺序有讲究。宝宝因为习惯了母乳或配方乳的味道，如果先授乳再喂辅食，他很可能会拒绝吃辅食。因此，为了训练宝宝吃辅食，锻炼宝宝的吞咽能力，并让宝宝慢慢接受辅食，应该在授乳前进行辅食喂养；宝宝吃完辅食后，妈妈再喂母乳或配方乳，让宝宝吃饱。

辅食添加的方法

奶和辅食的比例

刚开始添加辅食时，一般奶与辅食的喂养比例为8:2，每天可喂奶6次左右，辅食每天可喂1～2次。添加辅食后也要注意为宝宝补充水分，母乳喂养的宝宝每天可补充100～200毫升水，配方乳喂养的宝宝每天可补充200～300毫升水。

辅食尽量不用调味品

宝宝此时的味觉还不够发达，虽然已经能区别酸、甜、苦等不同的味道，但食物的味道也不可浓烈，因此制作宝宝辅食的过程中，要尽可能地保留食物的原汁原味，尽量不要添加调料，以免影响宝宝以后的口味。

喂养时间表

喂养方式	5个月宝宝			6个月宝宝			
母乳喂养	5:00	母乳	17:00	母乳	6:00	母乳	16:00	水
	8:00	母乳	20:00	母乳	10:00	母乳	18:00	母乳
	11:00	母乳	23:00	母乳	12:00	辅食	22:00	母乳
	14:00	母乳			14:00	母乳		
配方乳喂养	5:00	配方乳	17:00	水	6:00	配方乳	16:00	水
	9:00	配方乳	19:00	配方乳	8:00	水	18:00	配方乳
	10:00	水	23:00	配方乳	10:00	配方乳	20:00	水
	12:00	配方乳			12:00	辅食	22:00	配方乳
	16:00	配方乳			14:00	配方乳		
混合喂养	白天喂母乳或配方乳3～4次，前半夜喂1～2次，后半夜可以不喂，晨起喂1次。每喂100毫升配方乳，需额外喂水25毫升				白天喂母乳或配方乳3～4次，前半夜喂1～2次，后半夜可以不喂，晨起喂1次。每喂100毫升配方乳，需额外喂水25毫升。在两次喂奶之间加一次辅食			

妈妈喂养经

本阶段宝宝开始添加辅食了，有些宝宝在喂养过程中会出现不喜欢辅食，或者吃完辅食后不想吃奶的情况。发育较好的宝宝开始长乳牙后，也会影响母乳喂养，妈妈应该细心观察喂养过程中宝宝的各种变化。

 宝宝咬乳头

宝宝在乳牙萌出前，牙龈会有不舒服的感觉，因此，在吃母乳时，宝宝经常会用牙龈咬住乳头。当宝宝咬住乳头后，妈妈不要马上将乳头拽出，以免宝宝没吃饱反而咬得更紧，容易使乳头皲裂。妈妈可在喂奶前用安抚奶嘴让宝宝磨磨牙，缓解其牙龈的不适，也可以尝试为长牙的宝宝准备一些干净的牙胶和磨牙棒。

 宝宝不吃辅食

刚添加辅食时，因为不习惯或还没有掌握咀嚼和吞咽的技巧，宝宝可能会将辅食吐出来，如果妈妈继续喂，宝宝可能会哭闹，拒绝吃辅食。如果出现此种情况，妈妈不能强迫宝宝吃辅食，可以在第二天的同一时间继续喂，让宝宝慢慢熟悉辅食的味道。如果宝宝继续拒绝吃辅食，妈妈可以尝试换一种食物喂宝宝。

 宝宝添加辅食后不吃配方乳

有些宝宝很喜欢辅食的味道，吃过辅食后，甚至会拒绝再吃配方乳。无论如何，妈妈都要让宝宝喝足奶，不能因为宝宝拒绝而给宝宝断奶。当宝宝不再吃配方乳时，妈妈可以在辅食中加入配方乳，让宝宝吸收更多营养。

 宝宝添加辅食后便秘

有些宝宝添加辅食后会出现便秘的症状，这很有可能是饮食结构不合理造成的。妈妈应该调整宝宝的饮食结构，选择易被消化吸收的食材制作辅食，并控制辅食的添加量，另外不可断乳。如果宝宝便秘，暂不使用药物，可以适当给宝宝补充水分来稀释粪便。

藕粉糊

扫一扫二维码
视频同步学美味

原料

藕粉120克

做法

1 将藕粉倒入碗中，倒入少许清水。

2 搅拌匀，调成藕粉汁，待用。

3 往砂锅中注入适量清水烧开。

4 倒入调好的藕粉汁，边倒边搅拌，至其呈糊状。

5 用中火略煮片刻。

6 关火后盛出煮好的藕粉糊即可。

小叮咛

藕粉不能直接倒入热水锅中，否则容易结成块，难以做成糊状。

原料

水发大米90克

做法

1 往砂锅中注入适量清水，用大火烧开，倒入洗净的大米，搅拌均匀。

2 盖上盖，大火烧开后用小火煮20分钟，至米粒熟软；揭盖，搅拌均匀。

3 将煮好的粥滤入碗中，待米汤稍微冷却后即可饮用。

小叮咛

大米富含蛋白质、维生素、矿物质，用大米做汤，便于宝宝消化，还有增强宝宝免疫力等功效。

扫一扫二维码
视频同步学美味

菠菜米汤

扫一扫二维码
视频同步学美味

黄瓜米汤

扫一扫二维码
视频同步学美味

菠菜米汤

原料

米浆300毫升，菠菜80克

做法

1 往锅中注水烧开，倒入洗净的菠菜，拌匀。

2 焯煮一会儿至断生。

3 捞出焯好的菠菜，沥干水分，装盘备用。

4 趁热将锅内的汁液盛入米浆中，拌匀。

5 待凉即可食用。

小叮咛

可先用搅拌机将菠菜打烂后再与米浆混合，使食物更浓稠。

黄瓜米汤

原料

水发大米120克，黄瓜90克

做法

1 将洗净的黄瓜切成片，再切丝，然后改切成碎末，备用。

2 往砂锅中注入适量清水烧开，倒入洗好的大米，搅拌匀。

3 盖上锅盖，烧开后用小火煮1小时至其熟软。

4 揭开锅盖，倒入黄瓜，搅拌均匀。

5 再盖上锅盖，用小火续煮5分钟。

6 揭开锅盖，搅拌一会儿。

7 将煮好的米汤盛出，装入碗中即可。

小叮咛

黄瓜不宜煮太久，否则会破坏其营养成分。

粳米糊

扫一扫二维码
视频同步学美味

原料

粳米粉85克

做法

1　把粳米粉装在碗中，倒入清水，边倒边搅拌，制成米糊，待用。

2　往奶锅中注入适量水烧热，倒入调好的米糊，搅拌均匀。

3　用中小火煮一会儿，使食材呈浓稠的黏糊状。

4　关火后盛在碗中，稍微冷却后即可食用。

小叮咛

煮米糊时要不停地搅拌，以免烟锅，影响宝宝的胃口。

土豆碎米糊

原料

土豆85克，大米65克

小叮咛

制作米糊时，可加入适量牛奶，味道更加浓郁，营养更全面。

做法

1　将去皮洗净的土豆切厚片，再切条，然后改切成丁，装入盘中备用。

2　取榨汁机，选择搅拌刀座组合，与榨汁机拧紧，将土豆丁放入杯中，加入适量清水。

3　盖上盖子，选择"搅拌"功能，压紧盖子，将土豆榨成汁，倒入碗中，备用。

4　选择干磨刀座组合，将大米放入搅拌杯中，拧紧杯子与刀座，套在榨汁机上，拧紧。

5　选择"干磨"功能，将大米磨成米碎，盛出，备用。

6　将奶锅置于旺火上，倒入土豆汁，煮开后调成中火，加入米碎，用汤勺持续搅拌，煮1分30秒钟至成黏稠的米糊，装入碗中即可。

扫一扫二维码
视频同步学美味

橘汁米糊

原料

米碎85克，橘子肉55克

做法

1 将橘子肉切开，去核，再切成小丁块，备用。

2 往锅中注入适量清水烧开，倒入备好的米碎。

3 再倒入切好的橘子，搅拌均匀。

4 盖上锅盖，用中火煮约30分钟至食材熟软。

5 揭开锅盖，持续搅拌片刻。

6 将煮好的米糊盛出，装入碗中即可。

扫一扫二维码
视频同步学美味

小叮咛

橘子肉尽量切碎些，便于宝宝吞咽。

苹果米糊

原料

苹果85克，红薯90克，米粉65克

做法

1 将去皮洗净的红薯切成片，改切成丁。

2 将洗净的苹果切小瓣，去除果核、表皮，切成片，改切成小丁块。

3 蒸锅上火烧开，放入装苹果、红薯的蒸盘；盖上锅盖，用中火蒸约15分钟至食材熟软。

4 揭下盖子，再取出蒸好的食材，放凉。将蒸好的红薯放在案板上，用刀压扁，制成红薯泥。

5 将蒸好的苹果放在案板上，压成苹果泥。

6 往汤锅中注入适量清水烧开，倒入苹果泥，搅拌匀；再倒入红薯泥，轻轻搅拌几下；最后倒入米粉，拌煮至食材混合均匀，呈米糊状。

7 关火后盛出煮好的米糊，放在小碗中即可。

小叮咛

苹果和红薯一定要蒸至熟软，以免影响口感。

香蕉糊

原料

香蕉1根，牛奶（或配方奶）适量

做法

1 将香蕉剥去皮，用小勺将香蕉捣碎成泥。

2 把捣好的香蕉泥放进小锅里，加入适量牛奶（或配方奶），调匀，用小火煮2分钟左右，边煮边搅拌。

3 出锅装碗即可。

小叮咛

煮香蕉糊的过程中要不断搅拌，以防糊锅底和外溢。

大米粥

原料

水发大米120克

做法

1　往砂锅中注入适量清水，用大火烧开。

2　倒入洗净的大米，搅散、拌匀。

3　盖上盖，烧开后用小火煮约30分钟，至米粒熟透。

4　关火后盛出煮好的大米粥，装在碗中即可。

小叮咛

煮粥之前，一定要把米淘洗干净。用浸泡过的大米煮粥，更节约时间。

苹果柳橙稀粥

扫一扫二维码
视频同步学美味

哈密瓜米糊

苹果柳橙稀粥

原料

水发米碎80克，苹果90克，橙汁100毫升

做法

1. 将洗净去皮的苹果切开，去核，改切成小块。

2. 取榨汁机，选择搅拌刀座组合，放入苹果块，盖好盖。

3. 选择"榨汁"功能，打碎呈泥状，断电后取出苹果泥，待用。

4. 往砂锅中注入适量清水烧开，倒入米碎，搅拌均匀。

5. 盖上盖，烧开后用小火煮约20分钟。

6. 揭开盖，倒入橙汁，放入苹果泥，拌匀，用大火煮约2分钟至其沸腾。

7. 关火后盛出煮好的稀粥即可。

小叮咛

粥应尽量煮得浓稠一些，便于这个年龄的宝宝食用。

哈密瓜米糊

原料

白米糊4大匙、哈密瓜1/5个

做法

1. 白米糊加水煮至沸腾。

2. 去除哈密瓜籽和瓜皮，用磨泥器磨成泥。

3. 在煮好的白米糊中，加入哈密瓜泥，用小火煮3分钟即可。

小叮咛

将水果加入米糊煮熟或加开水稀释，可使宝宝更喜欢吃水果。

西
红
柿
汁

🥦 **原料**

西红柿130克

做法

1　往锅中注入适量清水烧开，放入洗净的西红柿。

2　关火后烫一会儿，至表皮皱裂，捞出西红柿，浸在凉开水中。

3　待凉后剥去表皮，再把果肉切成小块。

4　取备好的榨汁机，倒入切好的西红柿，注入适量纯净水，盖好盖子。

5　选择"榨汁"功能，榨出西红柿汁。

6　断电后倒出西红柿汁，装入杯中即可。

小叮咛

最好将西红柿切得小一些，能缩短榨汁时间。

南瓜泥

原料

南瓜200克

做法

1 将洗净去皮的南瓜切成片。取出蒸碗，放入南瓜片，备用。

2 蒸锅上火烧开，放入蒸碗。

3 盖上盖，烧开后用中火蒸15分钟至熟。

4 揭盖，取出蒸碗，放凉待用。

5 取一个大碗，倒入蒸好的南瓜，压成泥。

6 另取一个小碗，盛入做好的南瓜泥即可。

小叮咛

南瓜最好先去皮，再切片，片要切得大小厚薄均匀。

扫一扫二维码
视频同步学美味

Part 3

7~8个月，宝宝慢慢喜欢辅食

从最初不喜欢或拒绝吃辅食，本阶段宝宝对辅食的味道渐渐熟悉起来。

妈妈要根据宝宝的需求调整和变化辅食制作花样，以满足宝宝身体所需。

跟着本章学做辅食，让宝宝对辅食的兴趣越来越浓！

辅食添加要点必知

在上一阶段进行辅食添加的尝试后，本阶段根据宝宝生长发育的特点，可以增加辅食喂养的种类了。宝宝在习惯辅食的味道后，也会慢慢喜欢上吃辅食，量也有所增加。在宝宝乳牙萌出期，辅食还可帮助出牙。

宝宝的生长变化

身体发育		7个月	8个月
体重（千克）	男宝宝	6.7 ~ 9.7	6.8 ~ 10.2
	女宝宝	6.3 ~ 10.1	6.4 ~ 10.2
身高（厘米）	男宝宝	65.5 ~ 74.7	66.2 ~ 75.0
	女宝宝	63.6 ~ 73.2	64.0 ~ 73.5
口腔变化		宝宝的牙齿开始萌出，牙龈有痒痛的感觉，会分泌大量唾液	牙齿渐渐长出来了，一般会先长出下面两颗门牙
消化能力		可以消化有点儿颗粒、粗糙一点儿的食物了	能消化的食物种类增多
智力发育		已经开始有目的地玩玩具，会学着玩套叠玩具，看见自己认识的人会笑	模仿能力增强，可以听懂一些大人的话，能将语言和动作联系起来

 **宝宝的喂养原则**

仍以母乳或配方乳喂养为主

这个阶段辅食喂养的量和次数都增加了不少，但还是要以母乳或配方乳喂养为主。辅食增多后，授乳量肯定会随之减少，因此不少妈妈就想完全断奶，这对宝宝的发育不利。妈妈每天还是要坚持授乳3 ~ 4次，每日喂奶量应保证在600 ~ 800毫升，不要超过1000毫升。

食物质地要有变化

7 ~ 8个月，大多数的宝宝已长出乳牙。为了缓解宝宝出牙的不适，锻炼宝宝的咀嚼能力，辅食也需要从流食或半流食状态慢慢转变为有一些颗粒感的食物，比如米饼、蔬果棒等。但也不能一下子就给宝宝颗粒较粗的食物吃，要循序渐进。可以根据宝宝的大便观察其是否能够接受食物的性状，如果出现消化不良，食物就要细软些。

长牙期注意营养补充

宝宝在长牙期，需要不少蛋白质、钙、磷、维生素C、维生素D等营养物质。除了从母乳或配方乳中补充这些营养外，本阶段添加的辅食也应含有促进宝宝牙齿发育的营养素，如蔬果汁、骨头汤等。

辅食添加的方法

 奶和辅食的比例

宝宝7个月大时，可按照奶与辅食7:3的比例授乳和添加辅食；8个月大时，可按照奶与辅食6:4的比例授乳和添加辅食。可以添加蔬菜、水果、鸡蛋等食物，也可以开始添加肉类食物了，不过一天之内不要添加两种辅食。

添加含铁质的食物

宝宝从母体得到的铁质在出生 7 个月后，基本已经耗尽，需要进行补充。肉类食物中铁元素含量高，妈妈可以准备一些脂肪含量较低、营养丰富的牛肉、鸡肉汤，或者是将猪瘦肉捣碎后添加到粥中喂给宝宝吃。

 食材要多样化

宝宝所需的营养素，必须从多样化的食物中摄取。不同食物的营养成分有所不同，食物太过单一，会造成营养摄入不均衡。爸妈应多让宝宝尝试不同的食材，摄取各种营养素，以达到营养均衡。增加食物种类还能让宝宝尽早熟悉不同食物的味道，养成不挑食的好习惯。

喂养时间表

喂养方式	7个月宝宝			8 个月宝宝		
母乳喂养	6:00	母乳	15:00	水	6:00	母乳	16:00	母乳
	8:00	水	16:00	辅食	8:00	水	18:00	辅食
	10:00	母乳	18:00	母乳	10:00	母乳	22:00	水
	12:00	辅食	22:00	母乳	12:00	辅食	22:00	母乳
	14:00	母乳			14:00	水		
配方乳喂养	6:00	配方乳	14:00	辅食	6:00	配方乳	14:00	水
	8:00	水	16:00	水	8:00	水	16:00	辅食
	10:00	辅食	18:00	配方乳	10:00	配方乳	18:00	配方乳
	12:00	配方乳	22:00	配方乳	12:00	辅食	22:00	配方乳
混合喂养	每天可在两次授乳期间喂1～2次辅食，母乳不足的可在哺乳2小时后添加辅食，配方乳喂养的可在添加辅食2小时后喂奶				尽量每4个小时喂1次母乳，没有母乳就喂配方乳，每天需要添加2次辅食			

妈妈喂养经

本阶段宝宝添加的辅食种类逐渐增多，在吃辅食的过程中，宝宝可能会遇到食物过敏、不能适应新食物等问题，还可能会有自己喜欢或不喜欢吃的食物。针对这些问题，妈妈要根据宝宝的具体情况调整喂养。

 ## 宝宝对鱼肉过敏

不少宝宝是过敏体质，吃鱼肉后容易产生过敏反应，引起湿疹、腹泻或呕吐等症状。添加辅食时，如果出现此种情况，应停止喂宝宝鱼肉，等到宝宝 10 个月大后再进行尝试，仍然过敏的宝宝可等到 1 岁后再添加。为了给宝宝补充营养，对鱼肉过敏的宝宝，可先为其添加猪肉等畜禽肉，暂时不要添加虾等海产品。

 ## 宝宝拒绝吃蔬菜

蔬菜是宝宝较早接触的辅食之一，由于制作蔬菜时又不能多放调料，加上宝宝已经吃过一段时间，到此阶段时，有些宝宝会拒绝再吃这些食物。遇到这种情况，妈妈不可因此而停止添加蔬菜，因为这些食物营养价值很高，可以补充宝宝生长发育所必需的营养物质。妈妈可以在用蔬菜制作辅食时，使用炖肉汤，使食物的味道更香、更丰富。妈妈也要不断更换蔬菜的品种，以免宝宝吃腻某一种食物。

 ## 宝宝不会咀嚼

宝宝的辅食由稀软食物慢慢变为半固体食物，但有些宝宝还不会咀嚼，容易将食物直接吞下或吐掉，给辅食添加增加困难。这可能是辅食添加过晚或者添加过急造成的。妈妈在给宝宝添加辅食时，不可使用超出宝宝咀嚼能力的食物。如果宝宝还不适应半固体食物，可以继续喂较软的食物，慢慢过渡到半固体食物，逐渐锻炼宝宝的咀嚼能力。

辅食添加
营养餐

南瓜碎米糊

🥄 **原料**

南瓜200克，大米65克

做法

1 将去皮洗净的南瓜切片，再改切成小块。

2 取榨汁机，往杯中加入适量清水，盖上盖子，将南瓜榨成汁，倒入碗中，备用。

3 选择干磨刀座组合，将大米放入杯中，拧紧杯子与刀座，套在榨汁机上，拧紧，选择"干磨"功能，将大米磨成米碎，放入碗中，备用。

4 将奶锅置于火上，倒入南瓜汁，搅拌一会儿，用大火煮沸；再倒入磨好的米碎，用勺子搅拌约2分钟，煮成稠糊。

5 把米糊盛出，装入碗中即可。

小叮咛

嫩南瓜水分多，瓜肉薄而脆，老南瓜则较甜，妈妈们可根据宝宝的需求来选择。

蛋黄泥

 原料

鸡蛋4个，配方奶粉15克

做法

1 往砂锅中注水，用大火烧热，放入鸡蛋。

2 盖上锅盖，用大火煮3分钟，至鸡蛋熟透。

3 揭开锅盖，捞出鸡蛋，放入凉水中，待用。

4 将放凉的鸡蛋去壳，剥去蛋白，留取蛋黄，装入碗中，压成泥状。

5 将适量温开水倒入奶粉中，搅拌至完全溶化，再倒入蛋黄泥。

6 搅拌均匀，装入碗中即可。

小叮咛

鸡蛋不宜煮太长时间，以免降低其营养价值。

扫一扫二维码
视频同步学美味

土豆西蓝花泥

原料

土豆135克，西蓝花75克，奶酪45克

做法

1 往锅中注入适量清水烧开，倒入洗净的西蓝花，焯煮约1分钟至熟，捞出，放凉后再剁成碎末。

2 将去皮洗净的土豆切片，再切成条，然后改切成小段。

3 将切好的食材分别装在容器中，待用。

4 蒸锅上火，放入切好的土豆，盖上锅盖，用中火蒸约15分钟至土豆熟透。

5 取榨汁机，选用搅拌刀座及其配套组合，放入西蓝花末，倒入蒸好的土豆，再倒入备好的奶酪，盖上盖子，搅约1分钟至全部食材成泥。

小叮咛

西蓝花的菜梗很硬，所以焯煮时要选用中火，时间也要适当延长一些。

原味虾泥

 原料

虾仁60克

做法

1 用牙签挑去虾仁的虾线，把虾仁拍烂，剁成泥，装入碗中。

2 加入少许清水，拌匀。

3 将虾泥转入另一个碗中。

4 把虾泥放入烧开的蒸锅内。

5 盖上盖，用大火蒸5分钟。

6 把蒸熟的虾泥取出即可。

小叮咛

虾线一定要去除干净，以免不卫生。

水果蔬菜布丁

扫一扫二维码
视频同步学美味

鸡肝糊

水果蔬菜布丁

原料

香蕉1根，苹果80克，土豆90克，鸡蛋1个，配方奶粉10克

做法

1. 将土豆切厚块，改切成片；将苹果切瓣，去核，剁碎备用；将香蕉用刀压烂，剁成泥，装碗；将鸡蛋打入碗中，取出蛋黄；往奶粉中加入少许清水，调匀备用。

2. 将蒸锅置于旺火上烧开，放入切好的土豆，加盖，用中火蒸5分钟至土豆熟软。

3. 揭盖，取出土豆，用刀把土豆压烂，剁成泥，装入碗中；依次加入香蕉泥、配方奶、蛋黄、苹果碎，搅匀，倒入另一个碗中；放入烧开的蒸锅中，加盖，用中火蒸7分钟取出即可。

小叮咛

剁碎的苹果可先放入清水中浸泡，待用时再取出，以避免苹果氧化变黑。

鸡肝糊

原料

鸡肝150克，鸡汤85毫升

做法

1. 将洗净的鸡肝装入盘中，放入烧开的蒸锅中，盖上盖，用中火蒸15分钟至鸡肝熟透。

2. 揭开锅盖，把蒸熟的鸡肝取出，放凉后用刀将鸡肝压烂，剁成泥。

3. 把鸡汤倒入汤锅中，煮沸，调成中火，倒入备好的鸡肝，用勺子搅拌，煮1分钟成泥。

4. 用勺子继续搅拌均匀，至其入味，关火，将煮好的鸡肝糊倒入碗中即可。

小叮咛

鸡肝富有营养，还有助于保护宝宝的视力。

西蓝花胡萝卜稀粥

🍵 **原料**

白米饭2大匙，鸡胸肉20克，西蓝花、胡萝卜各10克，昆布高汤适量

做法

1 将鸡胸肉洗净、焯烫后，剁碎。

2 将西蓝花洗净、焯烫后，剁碎。

3 将胡萝卜去皮、剁碎。

4 白米饭加入水、昆布高汤熬煮成粥后，放入西蓝花、胡萝卜和鸡胸肉，待食材软烂即可。

小叮咛

西蓝花和胡萝卜应尽量剁碎些，煮时更易变得软烂。

牛肉胡萝卜粥

原料

水发大米80克，胡萝卜40克，牛肉50克

做法

1 将洗净的胡萝卜切丝，将洗好的牛肉切片。

2 往沸水锅中倒入牛肉，汆烫一会儿至去除血水，捞出，沥干水分，装碟放凉，切碎。

3 往砂锅中注水烧热，倒入切碎的牛肉，放入泡好的大米，炒约2分钟至食材转色。

4 放入胡萝卜丝，翻炒片刻至断生，注入适量清水，搅匀。

5 加盖，用大火煮开后转小火煮30分钟至食材熟软。

6 揭盖，搅拌一下，关火后盛出煮好的粥即可。

小叮咛

煮好锅关火后先不揭盖，焖5分钟左右，粥会变得更黏稠。

扫一扫二维码
视频同步学美味

鸡肉胡萝卜碎米粥

苹果梨香蕉粥

扫一扫二维码
视频同步学美味

鸡肉胡萝卜碎米粥

原料

鸡胸肉90克，土豆、胡萝卜各95克，大米65克

做法

1. 将洗净的土豆切片，再切丝，然后改切成粒；将洗净的胡萝卜切成片，再切丝，然后切成粒；将洗好的鸡胸肉切片，剁成泥。

2. 取榨汁机，选干磨刀座组合，将大米放入杯中，拧紧杯子与刀座，套在榨汁机上，并拧紧，选择"干磨"功能，将大米磨成米碎，倒入碗中，备用。

3. 往汤锅中加入适量清水，倒入土豆粒，再加入胡萝卜粒，用勺子搅匀，煮3分钟至熟。

4. 倒入鸡肉泥，搅拌均匀。

5. 米碎用水调匀后倒入锅中，用勺子持续搅拌2分钟，煮成米糊。

7. 关火，把煮好的米糊装入碗中即可。

小叮咛

剁好的肉泥加入少许清水浸泡，可避免入锅煮制时肉末结成团。

苹果梨香蕉粥

原料

水发大米80克，香蕉90克，苹果75克，梨60克

做法

1. 将洗好的苹果切开，去核，削去果皮，切成片，再改切成条，然后切成小丁块。

2. 将洗净的梨去皮，切成薄片，再切粗丝，然后改切成小丁。

3. 将洗好的香蕉剥去皮，把果肉切成条，再改切成小丁块，剁碎，备用。

4. 往锅中注水烧开，倒入洗净的大米，拌匀。

5. 盖上盖，烧开后用小火煮约35分钟至大米熟软。

6. 揭盖，倒入切好的梨、苹果，再放入香蕉，搅拌后用大火略煮片刻。

7. 关火后盛出煮好的水果粥即可。

小叮咛

香蕉本身比较软，可以煮一会儿粥后再加入香蕉碎。

核桃蔬菜粥

扫一扫二维码
视频同步学美味

原料

胡萝卜、水发大米各120克，豌豆65克，核桃粉15克，白芝麻少许

调料

芝麻油少许

做法

1　将胡萝卜切开，再切段，倒入烧开的锅中；倒入豌豆，中火煮约3分钟，捞出，沥干水分，放凉。

2　将胡萝卜切碎，剁成末；将豌豆切碎，剁成末。

3　往砂锅中注水烧开，倒入洗净的大米，搅拌片刻，加盖，烧开后用小火煮约20分钟至大米熟软。

4　揭盖，倒入豌豆、胡萝卜，撒上白芝麻，搅匀。

5　加盖，用中火续煮15分钟至食材熟透；揭盖，倒入核桃粉，搅匀；淋入少许芝麻油，搅匀，关火后盛出煮好的粥即可。

小叮咛

白芝麻可以先干炒一下，味道会更香，也可先磨成粉再加入锅中。

土豆胡萝卜肉末羹

原料

土豆110克，胡萝卜85克，肉末50克

小叮咛

煮的过程中一定要不停搅拌，羹的口感才会更好。

做法

1 将去皮的土豆切片，将洗好的胡萝卜切片。

2 将切好的胡萝卜和土豆分别装盘，放入烧开的蒸锅中。

3 盖上盖，用中火蒸15分钟至熟。

4 揭盖，把蒸好的胡萝卜、土豆取出。

5 取榨汁机，选搅拌刀座组合，把土豆、胡萝卜倒入杯中，加入适量清水，盖上盖，选择"搅拌"功能，榨取土豆胡萝卜汁，倒入碗中。

6 往砂锅中注入适量清水烧开，放入肉末，再倒入榨好的蔬菜汁，拌匀，煮沸；用勺子持续搅拌，煮至食材熟透，盛出，装碗即可。

扫一扫二维码
视频同步学美味

樱桃黄瓜汁

原料

樱桃90克，去皮黄瓜110克

做法

1　将黄瓜对半切开，切条，再切成小段。

2　将洗净的樱桃对半切开，去核，待用。

3　备好榨汁机，放入去核的樱桃和切好的黄瓜。

4　注入少许清水至刚好没过食材。

5　盖上盖，榨约20秒钟成樱桃黄瓜汁。

6　揭盖，将榨好的樱桃黄瓜汁倒入杯中即可。

扫一扫二维码
视频同步学美味

小叮咛

可适当延长榨汁的时间，这样汁会更加细腻爽口。

白萝卜枇杷苹果汁

原料

去皮白萝卜80克，去皮枇杷100克，苹果110克

做法

1. 将洗好的苹果去核去皮，切块；将洗净去皮的白萝卜切块；将洗净去皮的枇杷切开去核，切块，待用。
2. 往榨汁机中倒入苹果块、白萝卜块和枇杷块，加入80毫升凉开水。
3. 盖上盖，榨约15秒钟成蔬果汁。
4. 揭盖，将蔬果汁倒入杯中即可。

小叮咛

枇杷果核中含有苦杏仁苷，有毒，千万不要误食。

扫一扫二维码
视频同步学美味

Part 4

9~11个月，宝宝辅食丰富多样

随着辅食增多和授乳慢慢减少，妈妈应该考虑为宝宝增添辅食的种类了。

同时，懂得科学喂养方法的妈妈会继续给宝宝授乳。

宝宝长出不少牙，妈妈该锻炼宝宝的咀嚼能力了。

宝宝动手能力也增强了，妈妈应将训练宝宝独立进食的计划提上日程。

辅食添加要点必知

　　宝宝还没有完全断奶，母乳或配方乳最好是继续喂养。此外，宝宝大脑快速发育，运动能力也有了很大的发展，妈妈要根据宝宝的发育需求调整食谱，同时开始训练宝宝自己吃饭的能力，从而培养宝宝的动手能力和独立性。

 宝宝的生长变化

身体发育		9个月	10个月	11个月
体重（千克）	男宝宝	7～10.5	7.4～11.4	7.7～11.9
	女宝宝	6.6～10.4	6.7～10.9	7.2～11.2
身高（厘米）	男宝宝	67.9～77.5	68.7～77.9	70.1～80.5
	女宝宝	64.3～74.7	66.5～76.4	68.8～79.2
口腔变化		长出2～4颗乳牙	长出4～6颗乳牙	有些宝宝已经长出8颗乳牙
消化能力		摄入颗粒状和固体食物后，可通过大便原状排出，消化能力有限	消化能力增强，能消化大部分颗粒状食物	能够消化部分软固体食物
智力发育		开始记忆看到的人和事物，喜欢看移动的物体，能听懂简单的语言	能自己翻书，从玩具箱中拿玩具，理解能力增强	有了延迟记忆，能记住某一事物达24小时，喜欢玩有声音和会动的玩具

 **宝宝的喂养原则**

母乳或配方乳喂养仍要进行

宝宝吃的辅食越来越多，但妈妈不可因此而完全断掉母乳或配方乳，授乳仍要进行。因为这个阶段宝宝的活动能力增强，新陈代谢旺盛，继续授乳能使宝宝得到更多的营养，为其身体发育提供必要的物质基础。这时乳类可为宝宝提供一半或更多的营养，其余营养则由辅食提供。

训练宝宝自己吃饭

10个月以上的宝宝，有了很强的独立意识，吃饭时总想自己动手摆弄餐具，此时正是训练宝宝自己进餐的好时机。训练宝宝自己吃饭的能力，对锻炼其协调能力和独立性很有帮助。吃饭前，妈妈可在地上铺一块塑料布，以防宝宝把汤水洒在地上。然后将宝宝放在专用的座椅上，给他戴上围嘴，将他的小手洗干净。妈妈可以准备两套碗和勺，一套自己拿着，给宝宝喂饭，另一套给宝宝，并在其中放一点食物让宝宝自己吃。

不宜咀嚼后喂食

有些妈妈怕宝宝嚼不烂食物，吃下去也不易消化，就先将食物嚼烂后再喂给宝宝吃。这样做很不卫生，因为大人的口腔中常带有病原体，在喂食的过程中很容易将病原体传给宝宝。而宝宝的抵抗力比成人差很多，感染病原体后易引发疾病。另外，嚼烂后喂食也不利于宝宝咀嚼功能的训练。妈妈平时只需将食物煮烂些即可，不可咀嚼后喂食。

 辅食添加的方法

🍼 奶和辅食的比例

宝宝9个月大时，奶和辅食的比例可为5:5，每日添加2次辅食；10个月大时，辅食需求量增大，奶和辅食的比例可为4:6；11个月大时，奶和辅食的比例可为3:7，每日添加2次辅食，辅食的种类也随之增多。

食材软硬度的选择

这个阶段大部分宝宝已经长出乳牙或正在长牙，因此给宝宝吃的辅食，要慢慢从半固体的粥状食物变成固体的食物。宝宝咀嚼和吞咽过硬的食物还是很困难，可通过改变食材的颗粒大小，给宝宝提供一些更有口感的食物，也可以选择香蕉般硬度的食物。坚硬的固体食物，如坚果等，可以经过加工，研磨成粉末或颗粒后再喂给宝宝吃。

喂养时间表

喂养方式	9个月宝宝				10个月宝宝				11个月宝宝			
母乳喂养	6:00	母乳	15:30	水果	6:00	母乳	15:00	母乳	6:00	母乳	18:00	辅食
	8:00	水	16:00	水	9:00	母乳	15:30	水	9:00	母乳	21:00	母乳
	9:00	水果	17:30	辅食	9:30	水	16:30	水果	10:30	水果		
	10:00	母乳	20:30	母乳	10:30	水果	18:00	辅食	11:00	水		
	12:00	辅食			11:00	水	20:30	母乳	12:00	辅食		
	14:00	母乳			12:00	辅食			15:00	母乳		
配方乳喂养	6:00	配方乳	16:00	辅食	6:00	配方乳	14:30	水果	6:00	配方乳	16:00	辅食
	8:00	水	17:00	水	8:00	水	15:30	配方乳	8:00	水果	18:00	水果
	8:30	水果	18:00	水果	9:30	配方乳	16:00	水	10:00	辅食	20:00	配方乳
	10:00	配方乳	20:00	配方乳	11:00	水果	17:30	辅食	11:00	水		
	12:00	辅食			12:00	辅食	19:00	水	12:00	配方乳		
	15:00	水			14:00	水	20:30	配方乳	14:00	水		
混合喂养	同母乳喂养时间，以母乳喂养为主，母乳不足就喂配方乳				同母乳喂养时间，如果母乳不足，就喂配方乳				有母乳就喂母乳，没有就喂配方乳			

妈妈喂养经

这个阶段很多宝宝都在断乳，辅食添加尤为重要。宝宝咀嚼和消化能力的发育也要求辅食的性状和种类有所改变。辅食从稀软到半固体，再到固体性状，宝宝都有一个适应的过程，妈妈要密切注意辅食的变化对宝宝的影响。

 ## 宝宝挑食、偏食

宝宝长到这个阶段时，对食物会有自己的喜好，可能会对某些食物产生厌恶感，拒绝食用，从而导致挑食或偏食。这种情况，容易造成宝宝营养摄入不均衡，缺乏某些营养素，影响生长发育。偏食不太严重的宝宝，可以在以后的饮食中慢慢纠正过来。如果偏食严重，影响到营养吸收，妈妈可以采取更换烹饪方式或寻找替代食物的方法改善宝宝的偏食现象。

 ## 容易被半固体食物噎住

这个阶段开始为宝宝添加一些半固体食物了，如果食物做得过硬，宝宝可能会被噎住。妈妈在添加半固体或颗粒状辅食时应尽量做得软、小一些，让宝宝即使单独吃也可减少被噎住的机会。如果一种食物中既有颗粒又有稀汁，宝宝还没有适应两种不同性状的食物混合在一起吃，也容易被噎住。有些宝宝还不能适应半固体食物，妈妈不要强行喂给宝宝吃，应过段时间再尝试。

 ## 宝宝对蛋清过敏

有的宝宝可以吃整个鸡蛋了，但也有不少宝宝对蛋清过敏，食用后会出现皮疹等，严重的还会引起皮疹处水肿、腹泻等。一般来说，有湿疹、荨麻疹、哮喘等病史的宝宝，或者父母是过敏体质的，要慎用蛋清。这个阶段出现蛋清过敏后应立即停止喂养，等到宝宝1岁多时再尝试。

乌冬面糊

原料

乌冬面240克，生菜叶30克

调料

食用油适量

做法

1 将洗好的生菜切成碎末，备用。

2 往锅中注入适量清水烧开，加入少许食用油，倒入乌冬面，搅散，用大火煮至熟软；捞出，沥干水分，置于砧板上，切段，再剁成末，备用。

3 重新起锅，注入适量清水烧开，加入少许食用油，倒入乌冬面末，快速搅散。

4 盖上盖，烧开后用中火煮约5分钟至其呈糊状。

5 揭盖，倒入生菜叶，搅匀，煮至熟软。

6 关火后盛出煮好的面糊即可。

小叮咛

生菜可在清水中浸泡20分钟后再洗，这样能更好地去除农药。

松子粥

 原料

粳米180克，松子90克

做法

1　将粳米淘洗干净，用水浸泡2小时，沥干水分，待用。

2　将粳米放入搅拌机中，注入适量清水，盖上盖，安装好，按"启动"模式，搅拌3分钟，倒入过筛网中过滤。

3　将松子放入搅拌机中，注入适量清水，盖上盖，安装好，按"启动"模式，搅拌3分钟，倒入过筛网中过滤。

4　往热锅中倒入粳米水、松子水，大火煮25分钟左右，不停地搅动熬煮，煮至黏稠状。

5　关火，将煮好的粥盛至碗中即可。

小叮咛

煮粥时要不停地搅拌，以免糊锅，影响口感。

鲈鱼嫩豆腐粥

上海青鱼肉粥

鲈鱼嫩豆腐粥

原料

鲜鲈鱼100克，嫩豆腐90克，大白菜85克，大米60克

做法

1. 将豆腐切成小块；将鲈鱼去除鱼骨，再剔除鱼皮，将鱼肉切成块；将大白菜切成丝，再剁成末。

2. 取榨汁机，选择干磨刀座组合，将大米放入杯中，拧紧杯子与刀座，套在榨汁机上并拧紧，将磨好的米碎盛出备用。

3. 将装有鱼肉的小碟放入烧开的蒸锅中，盖上盖，用大火蒸5分钟至鱼肉熟透；揭盖，取出鱼块，压碎，再剁成末，装碗。

4. 往汤锅中注水，倒入米碎，用勺子拌煮半分钟；调成中火，倒入鱼肉泥，搅拌一会儿；加入大白菜末，拌煮约2分钟至熟透，倒入豆腐，搅碎，煮至熟透。

5. 关火，把米糊盛出，装入碗中即可。

小叮咛

应选用鱼刺最少的鱼腹肉，而且要非常仔细地把鱼刺去除干净，否则宝宝食用时易卡喉。

上海青鱼肉粥

原料

鲜鲈鱼、上海青各50克，水发大米95克

调料

水淀粉2毫升

做法

1. 将洗净的上海青切成丝，再切成粒；将干净的鲈鱼切成片。

2. 把鱼片装入碗中，放入水淀粉，抓匀，腌渍10分钟至入味。

3. 往锅中注水烧开，倒入水发好的大米，拌匀。

4. 盖上盖，用小火煮30分钟至大米熟烂。

5. 揭盖，倒入鱼片，拌匀，放入切好的上海青，用锅勺搅拌均匀。

6. 将煮好的粥盛出，装入碗中即可。

小叮咛

处理鲈鱼时要将鱼刺剔除干净，以方便宝宝食用。

鸡肉豆腐胡萝卜小米粥

原料

小米、鸡肉各50克，豆腐、胡萝卜各30克

做法

1 将鸡肉切成丁，将豆腐切小块，将胡萝卜切圆片。

2 往电蒸锅中注水烧开，放入胡萝卜，蒸13分钟至熟透，取出后倒入大碗中，再用勺子压碎，待用。

3 备好绞肉机，将鸡肉、豆腐打碎后倒入碗中，搅匀；将鸡肉泥捏制成丸子，倒入碗中，注入适量开水，氽至半熟，捞出装盘。

4 往奶锅中注水烧热，倒入泡好滤净的小米，煮沸后用小火煮20分钟；倒入胡萝卜碎、丸子，拌匀，加盖，续煮2分钟至熟；揭盖，将小米粥装碗即可。

小叮咛

这款粥中的食材有助于消化，可增进食欲，促进牙齿、骨骼的生长发育，适合出牙期宝宝食用。

南瓜鳕鱼粥

原料

南瓜30克，鳕鱼20克，大米80克

做法

1. 将南瓜去皮，切块，再剁碎。
2. 将鳕鱼处理干净后剁碎。
3. 往锅中注水烧开，倒入泡发好的大米，煮开，搅拌一会儿。
4. 倒入南瓜和鳕鱼，煮至食材熟软，搅匀。
5. 将煮好的食材盛入碗中，放凉后即可食用。

小叮咛

南瓜和鳕鱼要尽量剁碎些，这样不仅可以缩短煮的时间，也更有利于消化。

香菇鸡肉羹

原料

鲜香菇40克，上海青30克，鸡胸肉60克，软饭适量

调料

食用油适量

做法

1　往汤锅中注入适量清水，用大火烧开，放入洗净的上海青，煮约半分钟至断生，捞出，放凉备用。

2　将煮好的上海青切成丝，再切成粒，然后剁碎；将洗净的香菇切成片，再改切成粒；将洗好的鸡胸肉切碎，再剁成末。

3　用油起锅，倒入香菇粒，炒香；放入鸡胸肉末，搅松散，炒至转色；加入适量清水，拌匀。

4　倒入适量软饭，拌炒匀；再放入上海青，拌炒匀。

5　将炒好的食材盛出，装入碗中即可。

小叮咛

煮上海青时，不可煮久了，以免影响营养和色泽。

鸡肉玉米面

原料

水发玉米粒40克，鸡胸肉20克，面条30克

调料

食用油适量

做法

1. 将洗净的玉米粒切细，剁碎；将面条切成段；将洗净的鸡胸肉切成小块，剁成末。

2. 用油起锅，放入肉末，搅散，炒至转色；倒入适量清水，放入玉米碎，拌匀搅散。

3. 盖上盖，用大火煮至沸腾。

4. 揭盖，放入面条，拌匀。

5. 盖上盖，用中火煮4分钟至食材熟透。

6. 揭盖，盛出煮好的面条，装入碗中即可。

小叮咛

面条入锅后要搅散、搅匀，以免粘在一起。

蛋黄银丝面

🥬 **原料**

小白菜100克,银丝面75克,熟鸡蛋1个

🍶 **调料**

食用油少许

做法

1 往锅中注水烧开,放入洗净的小白菜,煮约半分钟,捞出,沥干水分,放凉备用。

2 将银丝面切成段;将小白菜切成粒;熟鸡蛋剥取蛋黄,压扁后切成末。

3 往汤锅中注入适量清水烧开,放入银丝面,搅匀,煮沸后放入适量食用油。

4 加盖,用小火煮约5分钟至面条熟软;揭盖,倒入小白菜,搅拌几下,续煮片刻至全部食材熟透。

5 关火后盛出面条和小白菜,装碗,撒上蛋黄末即可。

小叮咛

妈妈可以根据宝宝的咀嚼能力确定面条的软烂程度。

鸡肝面条

原料

鸡肝50克，面条60克，小白菜50克，蛋液少许

调料

食用油适量

小叮咛

煮鸡肝的时间应适当长一些，放入沸水中至少煮5分钟，以鸡肝完全变为灰褐色为宜。

做法

1 将洗净的小白菜切碎，将面条折成段。

2 往锅中注入适量清水烧开，放入洗净的鸡肝，盖上盖，煮5分钟至熟，捞出，放凉。

3 将放凉的鸡肝切片，剁碎。

4 往锅中注入适量清水烧开，放入少许食用油，再倒入面条，搅匀，盖上盖，用小火煮5分钟至面条熟软。

5 揭盖，放入小白菜，再放入鸡肝，搅匀，煮至沸腾；再倒入蛋液，搅匀，煮沸。

6 关火，把煮好的面条盛入碗中即可。

包菜鸡蛋汤

小米蒸红薯

扫一扫二维码
视频同步学美味

包菜鸡蛋汤

🥄 **原料**

包菜40克，蛋黄2个

做法

1 将洗净的包菜切碎。

2 往沸水锅中倒入包菜碎，焯煮30秒钟至断生，捞出，沥干水分，装盘。

3 往蛋黄中倒入包菜碎，搅拌均匀成包菜蛋液。

4 另起锅，注入约600毫升清水烧开，倒入包菜蛋液，搅匀，煮约1分钟至汤水烧开。

5 关火后盛出煮好的汤，装碗即可。

小叮咛

煮的过程中要撇去汤面的浮沫，以保证汤的良好口感。

小米蒸红薯

🥄 **原料**

水发小米80克，去皮红薯250克

做法

1 将红薯切小块。

2 将切好的红薯块装碗，倒入泡好的小米，搅拌均匀。

3 将拌匀的食材装盘。

4 备好已注水烧开的电蒸锅，放入食材。

5 加盖，调好时间旋钮，蒸30分钟至熟。

6 揭盖，取出蒸好的小米和红薯即可。

小叮咛

小米煮前应泡2小时以上，这样更容易蒸煮熟软。

煮苹果

扫一扫二维码
视频同步学美味

小叮咛

食用时可加入少量白糖，以减轻汤饮的酸味，更适合宝宝口味。

🍃 **原料**

苹果260克

做法

1 洗净的苹果取果肉，改切小块。

2 往砂锅中注入适量清水烧开，倒入苹果块，轻轻搅散开。

3 中火煮约4分钟至其析出营养物质。

4 调成大火，搅拌几下，关火后盛出煮好的苹果。

5 装在小碗中，稍微冷却后即可食用。

苹果奶昔

原料

苹果1个，酸奶200毫升

做法

1. 将洗净的苹果对半切开，去皮、去核，切成瓣，再切成小块。

2. 取榨汁机，选搅拌刀座组合，放入苹果，倒入适量酸奶。

3. 盖上盖子，选择"搅拌"功能，将苹果榨成汁，倒入玻璃杯即可。

小叮咛

酸奶不要加太多，以免过酸，掩盖苹果的鲜甜味。

扫一扫二维码
视频同步学美味

Part 5

12～18个月，宝宝越吃越有味

宝宝的咀嚼能力大大提升，但也不可直接喂食大人的食物。

本章为妈妈提供不同食材的烹饪方法，使辅食色、香、味俱全。

同时列出多种适合宝宝吃的食物，为宝宝生长所需营养提供保障。

有经验的妈妈会告诉你，该为宝宝清洁口腔了。

辅食添加要点必知

12～18个月的宝宝骨骼和消化器官会快速发育，小牙齿也越来越多，妈妈可以逐渐给宝宝添加以前不能吃的食物，以补充营养。但是宝宝的消化系统还没有发育完善，仍然适合吃软烂的食物。这个阶段，营养全面最重要。

 ## 宝宝的生长变化

身体发育		12个月	13~18个月
体重（千克）	男宝宝	8.0～12.2	9.1～13.9
	女宝宝	7.4～11.6	8.5～13.1
身高（厘米）	男宝宝	71.9～82.7	76.3～88.5
	女宝宝	70.3～81.5	74.8～87.1
口腔变化		可用牙齿和牙床咀嚼食物，可以咀嚼有一定质感并易咀嚼的食物	1岁前后开始长出板牙，16～18个月时开始长出尖牙
消化能力		较粗的固体颗粒经过牙齿的咀嚼可以被消化，但宝宝的胃肠还是很娇嫩，不宜接触刺激性、过敏性食物	宝宝的消化系统日趋完善，但消化能力仍有限，尤其是对固体食物需要较长时间适应
智力发育		给宝宝脱衣服时，宝宝会抬起胳膊配合；玩具不见了会自己找；会玩简单的游戏，如捉迷藏；喜欢拍打可以发出声音的东西	渐渐不怕生了，记忆力大大提高，开始使用字词表达自己的意思，能提示妈妈自己需要大小便，产生方向感和距离感

宝宝的喂养原则

不宜直接吃大人的食物

满 1 岁的宝宝食谱应包括饭、汤、菜，但 12 ~ 18 个月宝宝进食的食物与大人的食物相比，饭应比较软，汤应比较淡，菜应不油腻、不刺激。所以，不能给此阶段的宝宝喂食大人的食物。妈妈可以单独给宝宝准备食物；若时间不允许，可以在做大人菜的时候，在加调料之前，留出宝宝吃的量。喂宝宝吃饭时，应先将食物捣碎，以方便宝宝吞咽。

适合宝宝吃的食物

妈妈既要掌握此阶段宝宝生长发育较快、营养需求相对较多的特点，也需要了解此阶段宝宝胃肠消化、吸收功能尚未发育完全的特点，所以此时给宝宝准备的食物一定要富有营养、易于咀嚼、易于消化。

此阶段的宝宝可以食用谷类食物，因此馒头、米饭、包子、饺子等都会受到宝宝的欢迎，但不能油炸。

鲜鱼、奶制品、蛋类及肉类均能提供优质的蛋白质、脂溶性维生素和微量元素，尤其是鸡蛋，营养价值高、易于消化，是婴幼儿的首选辅食。豆制品是我国传统食品，营养丰富，也可以作为宝宝辅食进行添加。

蔬菜类富含矿物质和维生素，如油菜、包菜、菠菜、芹菜、胡萝卜、土豆、冬瓜等，均具有较高的营养价值，常吃对宝宝身体很好。

水果和坚果，如西瓜、苹果、橘子、香蕉、花生、核桃、松子等，不仅营养丰富，还颇受宝宝喜爱。坚果要做成泥状，以免造成宝宝呛咳或进入宝宝气管。

辅食添加的方法

均衡摄取五大营养素

此阶段是宝宝体重和身高增长的重要时期。因此，要注意通过饮食让宝宝充分吸收碳水化合物、蛋白质、矿物质、维生素和脂肪这五大类营养素，以保持营养均衡。在膳食的安排上，可以让宝宝通过主食摄取足够的碳水化合物、蛋白质和矿物质，通过零食摄取维生素和脂肪。

食物要切碎

此阶段的宝宝具备了一定的咀嚼能力，但是摄入块状食物还是不太安全。水果可以切成 5 毫米厚的棒状，让宝宝自己拿着吃。质韧的肉类应该切碎，其他食材应充分烹饪后再让宝宝食用。而一些容易吞咽但质滑的食物，则应捣碎后再给宝宝食用。

 仍要少添加调料

宝宝 1 岁以后可以适当摄入食盐、酱油等调味料，但需严格控制盐分的摄入量，每天摄入量应在 1.8 克以内。如果食材本身已有咸味或甜味，就没必要添加调味料了。

喂养时间表

12个月宝宝				13~15个月宝宝				16~18个月宝宝			
6:00	母乳或配方乳	16:00	母乳或配方乳	6:00	母乳或配方乳	14:30	水果	7:00	水	14:00	水
8:00	辅食	16:30	水	7:30	水	15:00	水	7:30	早餐	14:30	加餐
9:00	水	17:00	水果	8:00	早餐	17:00	晚餐	8:30	水	15:00	水
10:30	水果	18:00	辅食	9:00	水	20:00	母乳或配方乳	9:30	加餐	17:30	晚餐
12:00	辅食	20:30	母乳或配方乳	10:00	水果			10:00	水	18:00	水
14:30	水			12:00	午餐			11:30	午餐	20:00	睡前加餐

妈妈喂养经

1岁多后，不少宝宝已经断母乳了，但有些宝宝断母乳还有些困难，妈妈应该让宝宝慢慢适应没有母乳的日子。由于宝宝辅食的量逐渐增加，能吃的食物种类增多，其口腔护理和辅食的烹饪方法变得很重要。

 ## 宝宝不愿断母乳

对于1岁左右的宝宝来说，辅食提供的热量已经达到全部食物热量的60%以上，这时断母乳已具备了合适的条件。但是哺乳还是妈妈与宝宝之间情感交流的一种方式，断母乳，对宝宝来说是一个极大的挑战。1岁后，许多宝宝都不愿断母乳。断母乳要循序渐进，不能说断就断。在准备给宝宝断母乳前一个月内，妈妈可以逐步减少自己喂宝宝的次数，改喂配方乳，直至彻底断母乳。

 ## 怎样保持宝宝口腔清洁

随着辅食种类逐渐增多，宝宝进食后，食物残渣和口腔中残留的乳汁会停留在牙齿上面，在给宝宝做口腔清洁时，要特别注意牙齿的清洁。喂食后要给宝宝喝些清水，睡前用软纱布或儿童牙刷为宝宝清理牙面。平时少给宝宝吃酸性、甜味或过冷、过热的食物，以保护宝宝牙齿。

 ## 食物烹饪方法有讲究

无论是馒头还是包子，一定要做得小巧。要将食物切碎、做小，以照顾宝宝的食量和咀嚼能力；还可做成形态各异的形状，让宝宝喜欢。蔬菜、鱼、肉、蛋类要保持本色本味，同时，可加入少量调料使鱼、肉、蛋、菜各具其香。宝宝口味清淡，也可以偶尔使用具有天然甜味、酸味的食材，以增添食物的风味。煮米饭时宜用热水，淘洗要简单，以免B族维生素流失；蔬菜要快炒，少放盐，以免维生素流失；富含脂溶性维生素的蔬菜，炒时要多放点油，可有效提高宝宝对维生素的吸收率。炖排骨汤的时候，可在汤内加少量醋，使钙溶解在汤中，更有利于宝宝补钙。

嫩南瓜沙拉

 原料

梨泥20克，南瓜250克，
核桃10克

扫一扫二维码
视频同步学美味

做法

1　将洗净去皮的南瓜切成条，再切成丁。

2　往锅中注入清水，用大火烧开，倒入南瓜丁、核桃，搅拌片刻，盖上盖，用大火煮至南瓜熟烂。

3　揭盖，将煮好的食材捞出，装入碗中，浇上备好的梨泥即可。

小叮咛

食材最好切碎些，以免损伤宝宝的牙龈。

鸡肝圣女果米粥

原料

水发大米100克，圣女果70克，小白菜60克，鸡肝50克

调料

盐少许

小叮咛

如果没有圣女果，也可以用西红柿代替。

做法

1　往锅中注水烧开，放入小白菜，焯煮约半分钟，捞出，沥干水分，放凉，再剁成末。

2　倒入洗净的圣女果，焯烫约半分钟，捞出，沥干水分，放凉，剥去表皮，再剁成末。

3　将鸡肝放入沸水锅中，盖上盖，煮3分钟，捞出，沥干，放凉，再剁成泥。

4　往汤锅中注水烧开，倒入大米，搅散，盖上盖，用小火煮至米粒熟软。

5　揭盖，倒入圣女果，放入鸡肝泥、盐，拌匀，续煮片刻，盛入碗中，撒上小白菜末即可。

扫一扫二维码
视频同步学美味

鱼肉玉米粥

扫一扫二维码
视频同步学美味

面包水果粥

扫一扫二维码
视频同步学美味

鱼肉玉米粥

原料

草鱼肉70克，玉米粒60克，水发大米80克，圣女果75克

调料

盐少许，食用油适量

小叮咛

切草鱼时，一定要把鱼刺挑出来，以免宝宝食用时卡住喉咙。

做法

1 往汤锅中注水烧开，放入圣女果，烫煮半分钟，捞出，去皮，切成粒，再剁碎。

2 将草鱼肉切小块，将玉米粒切碎。

3 用油起锅，倒入鱼肉，煸炒出香味，倒入清水，盖上盖，用小火煮5分钟至熟。

4 揭盖，用锅勺将鱼肉压碎，把鱼汤滤入汤锅中，放入大米、玉米碎，拌匀，盖上盖，用小火煮至食材熟烂。

5 揭盖，放入圣女果，拌匀，加入盐，拌匀煮沸；盛出，装入碗中即可。

面包水果粥

原料

苹果、梨各100克，草莓45克，面包30克

小叮咛

这款粥不宜煮太久，以免煮得太烂影响口感。

做法

1 把面包切成条形，再切成小丁块。

2 将洗净的梨去核、去皮，切成丁。

3 将洗好的苹果去核、去皮，把果肉切片，再切丝，改切成丁。

4 将洗净的草莓去蒂，切成丁。

5 往砂锅中注入适量清水烧开，倒入面包块，略煮，撒上切好的梨丁，拌匀。

6 倒入切好的苹果丁、草莓丁，搅匀，用大火煮约1分钟至食材熟软，盛出煮好的水果粥即可。

小米山药饭

扫一扫二维码
视频同步学美味

原料

水发小米30克，水发大米、山药各50克

做法

1 将洗净去皮的山药切小块。

2 备好电饭锅，打开盖，倒入山药块，放入洗净的小米和大米，注入适量清水，搅匀。

3 盖上盖，按功能键，调至"五谷饭"图标，进入默认程序，煮至食材熟透。

4 按下"取消"键，断电后揭盖，盛出煮好的山药饭即可。

小叮咛

最好将切好的山药块浸入清水中，以免氧化变色，影响成品成色。

莲藕西蓝花菜饭

原料

去皮莲藕80克，水发大米150克，西蓝花70克

做法

1. 将洗净去皮的莲藕切丁。

2. 将洗净的西蓝花切小块，待用。

3. 往热锅中倒入莲藕丁，翻炒数下，放入泡好的大米，翻炒2分钟至大米水分收干；注入适量清水，搅匀，加盖，用大火煮开后转小火焖30分钟至食材熟透。

4. 揭盖，倒入切好的西蓝花，搅匀，加盖，续焖10分钟至食材熟软、水分收干。

5. 关火后盛出焖好的莲藕西蓝花菜饭，装碗即可。

小叮咛

锅中加入清水至刚好没过食材即可，这样可以让菜饭保持韧劲，以锻炼宝宝的咀嚼能力。

扫一扫二维码
视频同步学美味

鸡肉布丁饭

西红柿面片汤

扫一扫二维码
视频同步学美味

扫一扫二维码
视频同步学美味

鸡肉布丁饭

原料

鸡胸肉40克，胡萝卜30克，鸡蛋1个，芹菜20克，牛奶100毫升，软饭150克

做法

1 将鸡蛋打入碗中，打散，调匀。

2 将洗好的胡萝卜切片，再切条，然后改切成粒。

3 将洗净的芹菜切成粒。

4 将洗好的鸡胸肉切片，再切条，然后改切成粒。

5 将米饭倒入碗中，放入牛奶，拌匀；倒入蛋液，拌匀；放入鸡肉粒、胡萝卜粒、芹菜粒，拌匀；将拌好的食材装入碗中，再放入烧开的蒸锅中，盖上盖，用中火蒸10分钟至熟。

6 揭盖，把蒸好的米饭取出，待稍微冷却后即可食用。

小叮咛

牛奶不要放太多，以免掩盖其他食材的味道。

西红柿面片汤

原料

西红柿90克，馄饨皮100克，鸡蛋1个，姜片、葱段各少许

调料

盐2克，鸡粉少许，食用油适量

做法

1 将备好的馄饨皮沿对角线切开，制成生面片，待用。

2 将洗好的西红柿切开，再切小瓣。

3 把鸡蛋打入碗中，搅散，调成蛋液，待用。

4 用油起锅，放入姜片、葱段，爆香；盛出姜、葱，倒入切好的西红柿，炒匀；注入适量清水，用大火煮约2分钟至汤水沸腾；倒入生面片，搅散、拌匀，转中火煮约4分钟，至食材熟透。

5 倒入蛋液，拌匀，至液面浮现蛋花，加入少许盐、鸡粉，拌匀调味。

6 关火后盛出煮好的面片，装在碗中即可。

小叮咛

生面片入锅前最好将其散开，以免遇热后粘在一起，不易煮熟透。

胡萝卜圣女果牛奶

扫一扫二维码
视频同步学美味

原料

胡萝卜30克，圣女果5克，牛奶150毫升

做法

1 将洗净的胡萝卜切成块，再切成丁，待用。

2 将洗净的圣女果对半切开，待用。

3 往备好的榨汁机中倒入圣女果、胡萝卜丁、牛奶，盖上盖，按"启动"键，榨取牛奶。

4 断电后，取下榨汁机，将牛奶装入杯中即可。

小叮咛

可将胡萝卜丁焯烫一下，这样更有利于营养的吸收。

菌菇丝瓜汤

原料

金针菇150克，白玉菇、胡萝卜各60克，丝瓜180克，鲜香菇30克

调料

盐、鸡粉各3克，食用油适量

小可咛

煮丝瓜汤时加少许醋，可以避免丝瓜变黑，汤品味道也更鲜美。

做法

1 将洗净的白玉菇切成段，将洗净的香菇切成小块，将洗净的金针菇切去老茎。

2 将洗好的丝瓜去皮，切长条，改切成片；将去皮洗净的胡萝卜切成段，改切成片。

3 将切好的食材装入盘中，备用。

4 往锅中注入适量清水烧开，淋入食用油，放入切好的胡萝卜、白玉菇、香菇，盖上盖，用大火煮沸后转中火煮2分钟至食材熟软。

5 揭盖，倒入丝瓜、金针菇，拌匀，煮沸；加入适量盐、鸡粉，拌匀调味。

6 将煮好的汤盛出，装入碗中即可。

牛奶豆浆

🥬 原料

水发黄豆50克，牛奶20毫升

做法

1 将已浸泡8小时的黄豆倒入碗中，注入适量清水，用手搓洗干净；把洗好的黄豆倒入滤网，沥干水分。

2 将黄豆、牛奶倒入豆浆机中，注入适量清水，至水位线即可；放上豆浆机机头，选择"五谷"程序，再按下"开始"键，开始打浆。

3 待豆浆机运转约15分钟，即成豆浆。

4 将豆浆机断电，取下机头，把煮好的豆浆倒入滤网，滤取豆浆。

5 将滤好的豆浆倒入碗中即可。

扫一扫二维码
视频同步学美味

小叮咛

也可以在豆浆打好后再加入牛奶，奶香味会更浓。

酸奶西瓜

原料

西瓜350克，酸奶120克

做法

1 将西瓜对半切开，改切成小瓣。

2 取出果肉，改切成小方块，备用。

3 取一个干净的盘子，放入切好的西瓜果肉，码放整齐。

4 将备好的酸奶均匀地淋在西瓜上即可。

小叮咛

食材拌好后应该直接给宝宝吃，不宜放进冰箱冷藏，以免伤及宝宝娇嫩的肠胃。

扫一扫二维码
视频同步学美味

豆腐胡萝卜饼

扫一扫二维码
视频同步学美味

奶汁冬瓜条

扫一扫二维码
视频同步学美味

豆腐胡萝卜饼

原料

豆腐200克，胡萝卜80克，鸡蛋40克，面粉适量

调料

食用油适量

做法

1 将洗净去皮的胡萝卜切成片，改切成丝，再切碎，备用。

2 将胡萝卜装入碗中，再放入豆腐，拌碎；倒入鸡蛋、面粉，搅拌片刻；再倒入适量的清水，拌匀，制成面糊，待用。

3 用油起锅，倒入适量面糊，煎至金黄色，翻面，煎至熟透。

4 将煎好的饼盛出，装入盘中即可。

小叮咛

煎饼的时候一定要待完全定型后再翻面，这样不易碎。

奶汁冬瓜条

原料

牛奶150毫升，冬瓜500克，高汤300毫升

调料

盐2克，鸡粉3克，水淀粉、食用油各适量

做法

1 将洗净去皮的冬瓜切片，改切成条，备用。

2 用油起锅，倒入冬瓜条，略煎片刻，盛出冬瓜条，沥干油，装盘备用。

3 将锅置于火上，倒入高汤、冬瓜，加入盐、鸡粉，拌匀；倒入备好的牛奶，拌匀，用水淀粉勾芡。

4 关火后盛出，装入盘中即可。

小叮咛

冬瓜条不要切得太细，否则容易在烹饪过程中弄烂。

Part 6

19～36个月，
让宝宝爱上吃饭

妈妈应该从小就培养宝宝良好的进食习惯。

使用筷子吃饭，能训练宝宝独立吃饭的能力，有益于宝宝的大脑发育。
快让宝宝来学吧！

按照本章挑选食物，宝宝吃得更健康。

本章也为妈妈们提供了轻松喂养的育儿经。

辅食添加要点必知

19～36个月的宝宝主要通过三餐来补充营养，摄入所需热量，这个阶段也是决定宝宝一生饮食习惯的重要时期。宝宝的饮食要考虑到色、香、味、形及食物种类的变换，以增进宝宝食欲，但是宝宝不宜吃刺激性的食品。

 宝宝的生长变化

身体发育		19～24个月	25～36个月
体重（千克）	男宝宝	9.9～15.2	11.2～16.4
	女宝宝	9.4～14.5	10.6～16.1
身高（厘米）	男宝宝	80.9～94.4	84.3～98.7
	女宝宝	79.9～93	83.3～98.1
口腔变化		20个月后长出2颗板牙；发育快的宝宝在10～18个月就会长出全部牙齿	3岁时，宝宝20颗乳牙已全部长齐，但咀嚼能力仅达到成人的40%
消化能力		宝宝消化蛋白质的胃液已经充分发挥作用了，可多吃一些富含蛋白质的食物，但其消化系统尚未发育完全，食物应以细、软、烂为主	宝宝的消化系统日趋完善，但消化能力仍有限，尤其是对固体食物的消化还需要较长时间适应
智力发育		宝宝可以使用的词汇量大大增加，也可以用两个词造句；喜欢提问；开始坚持自己的主张	会使用敬语，语言能力明显提高；有较丰富的想象力，好奇心增强；喜欢模仿大人的言行

宝宝的喂养原则

培养良好的进食习惯

不良的饮食习惯会给宝宝的生长发育带来严重的后果，19 ～ 36 个月的宝宝，若能养成好的饮食习惯，则会受用一生。下面介绍培养宝宝正确进食习惯的方法：

吃饭的环境尽量安静。如果放音乐，要选择优美轻松的音乐。周围的人不要随意走动，不要大声喧哗。

一定要让宝宝坐在固定的餐椅上、餐桌旁进食，不让宝宝到处走着吃，家长更不能到处追着喂。

让宝宝练习自己拿勺吃饭，自己拿着奶瓶喝奶，自己拿着水杯喝水。

如果宝宝和成人在一桌吃饭，成人不要对饭菜进行批评。

每餐饭前，家长要引导宝宝去洗手。

饮食要定时，按顿吃饭，不吃垃圾食品，家长要做好榜样。

家长要控制吃饭速度，细嚼慢咽，不要狼吞虎咽，以免宝宝有样学样。

不要让宝宝边看电视或边玩玩具边吃饭，不要让宝宝在吃饭时做与吃饭无关的事情，不要一心二用。

不要在吃饭的时候教育和训斥宝宝，成人不要在饭桌上争吵；如果口中有食物，也不能开口说话。

学会用筷子吃饭

用筷子吃饭，对幼儿的大脑和手臂是很好的锻炼。用筷子夹取食物，可以牵动肩部、手掌和手指等 30 多个关节和 50 多块肌肉，和脑神经有着密切的联系。用筷子吃饭，可以让宝宝的大脑反应更加灵敏和迅捷。

善于用筷子进餐的幼儿大都心灵手巧，思维敏捷，身体健康。这个阶段可以让宝宝学习用筷子吃饭。当然，宝宝在学习用筷子吃饭时，家长必须注意宝宝的安全，防止发生意外。

在给宝宝选择筷子的时候，不能选择油漆筷子。因为如果筷子上的油漆在使用过程中脱落，随食物进入宝宝身体，会损害宝宝健康。因此，最好选用未涂漆的木筷或竹筷。

辅食添加的方法

 食物不要太单一

　　这个阶段宝宝饮食不能太单一，要准备饭、菜、汤等形式的菜谱。饭也不再是软饭，可以跟成人吃一样的米饭，但不能给宝宝喂汤泡饭。因为吃汤泡饭时，宝宝可能不咀嚼饭粒而直接吞咽，这会加重胃肠负担，引起消化不良，有的宝宝还可能因此出现拒绝吃饭的情况。

🍼 多吃新鲜、自然的食物

　　吃新鲜、自然的食物，要比吃添加防腐剂等经过工业加工的食物好得多。适当多吃含麦麸的面食，要比吃精细加工过的面食更有利于健康。无论什么食物，再高级、再昂贵，也不可能提供人体所需的所有营养素，什么都吃、合理搭配是最好的饮食习惯。不能让宝宝只吃现成的辅助食品，应该给宝宝提供新鲜可口的饭菜，保证其获取足够和优质的营养。

🍼 少吃高盐、高油、高糖食物

　　吃过多的盐、糖和油，对宝宝的健康是没有好处的。宝宝的饮食掌控在大人的手里，没有哪个宝宝会要求妈妈在菜里多放油和盐，所以，少吃高盐、高油、高糖食物要从大人做起，家长应做好榜样，不要让宝宝养成口味重、爱吃油腻食物和甜食的饮食习惯。

 喂养时间表

19～24个月宝宝				25～30个月宝宝				31～36个月宝宝			
6:00	水	14:30	加餐	6:00	水	14:30	加餐	6:30	水	15:00	加餐
7:00	早餐	15:00	水	7:00	早餐	15:00	水	7:00	早餐	15:30	水
9:00	加餐	17:00	晚餐	9:00	加餐	17:30	晚餐	9:00	加餐	18:00	晚餐
9:30	水	19:00	水	9:30	水	19:30	水	9:30	水	19:30	水
11:30	午餐	20:00	喝奶	11:30	午餐			12:00	午餐		

妈妈喂养经

宝宝活动能力大大增强，对食物的需求也有所增加。这个阶段要防止宝宝养成不好的饮食习惯，如出现这种情况应及时纠正。此外，对于有些食欲不振和缺乏营养的宝宝也要调整食谱。

 宝宝食欲不振

宝宝食欲不振的原因多种多样，家长要找出原因，从根源上解决问题。宝宝养成吃零食的习惯，对正餐缺少兴趣；宝宝活动量不够，食物尚未消化，没有饥饿感；宝宝营养不良，肠蠕动减弱，胃排空时间延长，无饥饿感；宝宝饮食时间安排不妥当，两餐间隔时间太短；宝宝过于疲劳或过于兴奋，吃饭时想睡觉或无心吃饭；宝宝睡眠不足，影响食欲；喜欢含饭的宝宝，家长为了让其吃下去，喂大量汤水，冲淡了其胃液，久而久之，宝宝就会食欲不振；宝宝经常生病，服用药物，特别是频繁使用抗生素，也会影响食欲。以上都是导致宝宝食欲不振的原因，家长要及时纠正。

 宝宝进食含饭

有的宝宝吃饭时爱把饭菜含在口中，不咀嚼也不吞咽，俗称含饭。宝宝含饭的原因大多是家长没有让其从小养成良好的饮食习惯，不按时添加辅食，宝宝没有机会训练咀嚼能力。这样的宝宝常因吃饭过慢、过少，营养状况差，甚至出现某种营养素缺乏的症状，导致生长发育迟缓。对于含饭的宝宝，家长可让他与其他宝宝一起进餐，让他学习其他宝宝的咀嚼动作，随着年龄的增长慢慢进行矫正。

 宝宝缺锌

宝宝缺锌会使生长发育落后，智力发育不良；免疫能力降低，易发生感染；消化功能紊乱，进而导致食欲下降、厌食、腹泻甚至异食癖等；还可能出现精神差、嗜睡、毛发脱落等情况。轻度缺锌的宝宝可通过饮食加以调节，多吃富含锌的食物，如牛肉、鱼、坚果等；重度缺锌的宝宝可以在医生的指导下口服锌制剂。

**辅食添加
营养餐**

扫一扫二维码
视频同步学美味

原料

意大利比萨酱40克，肉末70克，洋葱65克，熟意大利空心面170克

调料

盐、鸡粉各2克，食用油适量

做法

1 将处理好的洋葱切片，再切成丁。

2 往热锅中注油烧热，倒入肉末，翻炒至转色，倒入备好的洋葱、意大利比萨酱、空心面，翻炒匀。

3 加入盐、鸡粉，快速翻炒至入味。

4 关火后将炒好的面盛出，装入盘中即可。

小叮咛

肉末不宜炒制过久，以免口感太干。

香浓牛奶炒饭

原料

米饭200克，青豆50克，玉米粒45克，洋葱35克，火腿55克，胡萝卜40克，牛奶80毫升，高汤120毫升

调料

盐、鸡粉各2克，食用油适量

小叮咛

牛奶不宜炒制过久，以免破坏营养。

做法

1 将处理好的洋葱切丝，再切粒。

2 将火腿除去包装，切成粒。

3 将洗净去皮的胡萝卜切片，再切条，然后切成丁。

4 往锅中注水烧开，倒入青豆、玉米粒，搅匀，焯煮片刻，将食材捞出，沥干，待用。

5 往热锅中注油烧热，倒入青豆、玉米粒、火腿、胡萝卜、洋葱，快速翻炒片刻；倒入米饭，翻炒片刻至松散；注入牛奶、高汤，翻炒出香味，加入少许盐、鸡粉，炒匀调味。

6 关火后将炒好的饭盛出，装入盘中即可。

扫一扫二维码
视频同步学美味

海鲜面片

扫一扫二维码
视频同步学美味

鸡汤菌菇焖饭

扫一扫二维码
视频同步学美味

海鲜面片

原料

花甲500克，虾仁70克，馄饨皮300克，西葫芦200克，丝瓜80克，香菜少许

调料

盐、鸡粉、胡椒粉各2克

小叮咛

将花甲放在一个篓子里，不停地搅动，这样烹煮时花甲更易开口。

做法

1. 将洗好的西葫芦切厚片，再切条。

2. 将洗净去皮的丝瓜切成条。

3. 将洗好的虾仁由背部划开，挑去虾线。

4. 往锅中注水烧开，放入花甲，略煮一会儿，去除污物，捞出，待放凉后取出花甲肉，装盘待用。

5. 另起锅注水烧热，放入花甲肉、虾仁、西葫芦、丝瓜，加入盐、鸡粉、胡椒粉，拌匀，放入馄饨皮，煮至熟软。

6. 关火后盛出煮好的食材，装入碗中，点缀上香菜叶即可。

鸡汤菌菇焖饭

原料

水发大米260克，蟹味菇100克，杏鲍菇35克，洋葱40克，水发猴头菇50克，黄油30克，蒜末少许

调料

盐2克，鸡粉少许，黄油适量

小叮咛

往高压锅中加入的水不宜太多，以免米饭太稀，影响口感。

做法

1. 将洗净的洋葱切碎；将洗好的杏鲍菇切成丁；将洗净的蟹味菇去除根部，再切成小段；将洗好的猴头菇切小块，备用。

2. 将煎锅置于火上烧热，放入黄油，拌至其熔化，撒上蒜末，炒香；放入洋葱末，炒至其变软；倒入蟹味菇、猴头菇、杏鲍菇，翻炒匀，注水，煮沸；加入盐、鸡粉，炒匀，盛出装碗，制成酱菜。

3. 取高压锅，倒入大米，注入清水，放入酱菜，拌匀；盖上盖，扣紧，用中火煮约20分钟，至食材熟透。

4. 揭盖，盛出米饭，装入碗中即可。

菠萝蒸饭

扫一扫二维码
视频同步学美味

洋葱鲑鱼炖饭

扫一扫二维码
视频同步学美味

菠萝蒸饭

原料

菠萝肉70克，水发大米75克，牛奶50毫升

做法

1 将水发好的大米装入碗中，倒入适量清水，待用。

2 将菠萝肉切片，再切成条，改切成粒。

3 烧开蒸锅，放入处理好的大米，盖上盖，用中火蒸30分钟至大米熟软。

4 揭盖，将菠萝放在米饭上，加入牛奶，盖上盖，用中火蒸15分钟。

5 揭盖，把蒸好的菠萝米饭取出，用筷子翻动，稍冷却后即可食用。

小叮咛

牛奶不宜蒸制过久，以免营养成分流失。

洋葱鲑鱼炖饭

原料

水发大米100克，三文鱼70克，西蓝花95克，洋葱40克

调料

料酒4毫升，食用油适量

做法

1 将洗好的洋葱切成小块，待用。

2 将洗净的三文鱼肉切成丁。

3 将洗好的西蓝花切成小朵，备用。

4 将砂锅置于火上，淋入食用油烧热，倒入洋葱，炒匀；放入三文鱼，淋入料酒，炒匀，注入清水，用大火煮沸；放入大米，拌匀，盖上盖，烧开后用小火煮约20分钟。

5 揭盖，倒入西蓝花，拌匀；再盖上盖，用小火煮约10分钟至食材熟透。

6 揭盖，关火后盛出煮好的米饭，装入盘中即可。

小叮咛

三文鱼不要切得太细，否则易碎。

什锦蒸菌菇

原料

蟹味菇90克，杏鲍菇80克，秀珍菇70克，香菇50克，胡萝卜30克，葱段、姜片各5克，葱花3克

调料

盐、鸡粉、白糖各3克，生抽10毫升

扫一扫二维码
视频同步学美味

做法

1. 将洗净的杏鲍菇、秀珍菇分别切条；将洗净的香菇切片；将洗好的胡萝卜切条。

2. 取空碗，倒入切好的杏鲍菇、秀珍菇、香菇、胡萝卜和洗净的蟹味菇，放入姜片和葱段，加入生抽、盐、鸡粉、白糖，拌匀，腌渍5分钟至入味，装盘。

3. 取出已烧开上气的电蒸锅，放入菌菇，加盖，调好时间旋钮，蒸5分钟至熟。

4. 揭盖，取出蒸好的什锦菌菇，撒上葱花即可。

小叮咛

如果宝宝能吃胡椒粉，腌渍时可放点胡椒粉，味道会更好。

蒜蓉蒸娃娃菜

原料

娃娃菜350克，水发粉丝200克，红彩椒粒、蒜末各15克，葱花少许

调料

盐、鸡粉各1克，生抽5毫升，食用油适量

小叮咛

可事先用牙签在娃娃菜上扎几个小孔，以便入味。

做法

1. 将泡好的粉丝切段。

2. 将洗好的娃娃菜切粗条，摆放在盘的四周，放上切好的粉丝，待用。

3. 往蒸锅中注水烧开，放上装有食材的盘子，加盖，用大火蒸15分钟至熟；揭盖，取出蒸好的食材，放到一旁待用。

4. 另起锅，注入适量食用油，倒入蒜末，爆香；加入生抽，倒入红彩椒粒，拌匀；加入盐、鸡粉，炒约2分钟至入味。

5. 关火后盛出蒜蓉汤汁，浇在娃娃菜上，再撒上葱花即可。

扫一扫二维码
视频同步学美味

蒸白菜肉丝卷

扫一扫二维码
视频同步学美味

小叮咛

白菜入锅焯水的时间不易过久，以免制卷的时候菜叶易破。

🍳 **原料**

大白菜叶350克，鸡蛋80克，水发香菇50克，胡萝卜60克，瘦肉200克

🥄 **调料**

盐3克，鸡粉2克，料酒、水淀粉各5毫升，食用油适量

做法

1 将瘦肉、胡萝卜分别切丝；将香菇切粗条。往锅中注水烧开，倒入白菜叶，焯至断生，捞出。

2 将鸡蛋打入碗中，搅匀成蛋液，倒入注油的热锅中，摊开，煎制成蛋皮，盛出，切成细丝。

3 另起锅注油烧热，倒入瘦肉、香菇、胡萝卜，炒匀，加入料酒、盐、鸡粉，炒匀调味，盛出。

4 将白菜叶铺平，放入炒好的食材，放上蛋丝，卷起，造型，摆入盘中，放入蒸锅蒸6分钟。

5 往热锅中注油烧热，注水，加入盐、鸡粉、水淀粉，搅匀成芡汁，浇在白菜卷上即可。

鸡蛋肉墩卷儿

原料

肉馅160克，鸡蛋液50克，生粉10克，姜末5克，葱末4克

调料

盐、鸡粉各3克，生抽3毫升，胡椒粉2克，食用油适量

小叮咛

蛋液入锅后宜用小火煎，这样煎制蛋饼时不易烧焦。

做法

1. 将鸡蛋液打散，搅匀，待用。

2. 在盛有肉馅的碗中，放入姜末、葱末、盐、鸡粉、生抽、胡椒粉，注入适量清水，拌匀；放入适量生粉，拌匀。

3. 热锅，刷一层油，倒入鸡蛋液，煎制成蛋饼，捞起待用。

4. 将备好的肉馅放在蛋饼上，卷成蛋卷，放入备好的盘中。

5. 将装有蛋卷的盘子放入蒸锅，盖上盖，蒸15分钟，揭盖，取出肉卷。

6. 将肉卷切成小块即可。

扫一扫二维码
视频同步学美味

浇汁鲈鱼

原料

鲈鱼270克，豌豆90克，胡萝卜60克，玉米粒45克，姜丝、葱段、蒜末各少许

调料

盐2克，番茄酱、水淀粉各适量，食用油少许

扫一扫二维码
视频同步学美味

做法

1　将洗净的鲈鱼放入碗中，加入盐，拌匀；放入姜丝、葱段、拌匀；腌渍约15分钟后再切开，去除鱼骨，把鱼肉两侧切条，放入蒸盘中。

2　将胡萝卜切成丁。往锅中注水烧开，倒入胡萝卜、豌豆、玉米粒，煮至食材断生，捞出，待用。

3　将蒸锅上火烧开，放入蒸盘，盖上盖，用中火蒸约15分钟；揭盖，取出蒸盘，放凉待用。

4　用油起锅，倒入蒜末，爆香；倒入焯过水的食材，放入番茄酱，注入清水，拌匀，煮沸；倒入水淀粉，拌匀，调成菜汁，浇在鱼身上即可。

小叮咛

在鲈鱼两面切上花刀，可使食材更入味。

猪肝鸡蛋羹

原料

猪肝90克，鸡蛋2个，葱花4克

调料

盐、鸡粉各2克，料酒10毫升，芝麻油适量

做法

1 将洗净的猪肝切片。

2 往锅中注水烧开，倒入猪肝片，汆至去除血水和脏污，捞出，沥干水分，装盘待用。

3 取空碗，倒入适量清水，加入盐、鸡粉、料酒，搅匀；打入鸡蛋，搅匀成蛋液。

4 取干净的盘子，将汆好的猪肝铺匀，倒入搅匀的蛋液，封上保鲜膜。

5 取出已烧开上气的电蒸锅，放入食材，加盖，调好时间旋钮，蒸10分钟至熟。

6 揭盖，取出蒸好的猪肝鸡蛋羹，撕去保鲜膜，淋入芝麻油，撒上葱花即可。

小叮咛

可以在拌好蛋液后再汆猪肝，这样更能保持猪肝的软嫩口感。

扫一扫二维码
视频同步学美味

原料

小白菜200克，虾皮35克，姜片少许

调料

盐3克，鸡粉2克，料酒、食用油各适量

扫一扫二维码
视频同步学美味

做法

1 将洗净的小白菜切成段。

2 将切好的小白菜装入盘中，待用。

3 用油起锅，放入姜片，爆香；倒入洗好的虾皮，拌炒匀，再淋入少许料酒，炒香；倒入适量清水，盖上盖，烧开后用中火煮约2分钟。

4 揭盖，加入适量盐、鸡粉，倒入切好的小白菜，用锅勺拌匀后煮至沸腾。

5 将煮好的汤盛出，装入碗中即可。

小叮咛

小白菜不可煮制过久，以免营养成分流失。

杏仁苹果豆饮

原料

苹果半个，杏仁20克，杏仁粉20克，豆浆60毫升

做法

1 将杏仁切碎。

2 将洗净的苹果切瓣，去皮，去核，切成小块，待用。

3 将苹果块倒入榨汁机中，加入杏仁碎。

4 放入杏仁粉，倒入豆浆。

5 盖上盖，启动榨汁机，榨约15秒钟成豆浆汁。

6 断电后揭开盖，将豆浆汁倒入瓶中即可。

小叮咛

如果想要这款豆浆更有口感，可以不榨那么久，10秒钟即可。

扫一扫二维码
视频同步学美味

胡萝卜酸奶

扫一扫二维码
视频同步学美味

奶香苹果汁

扫一扫二维码
视频同步学美味

胡萝卜酸奶

原料

去皮胡萝卜200克，酸奶120毫升，柠檬汁30毫升

做法

1 将洗净去皮的胡萝卜切块，待用。

2 往榨汁机中倒入胡萝卜，加入酸奶，倒入柠檬汁，注入60毫升凉开水。

3 盖上盖，榨约20秒钟成蔬果汁。

4 揭开盖，将蔬果汁倒入杯中即可。

小叮咛

此款蔬果汁口味较酸，在宝宝饮用时可以加点蜂蜜。

奶香苹果汁

原料

苹果100克，纯牛奶120毫升

做法

1 洗净苹果，取果肉，切小块。

2 取榨汁机，选择搅拌刀座组合，倒入切好的苹果，注入适量的纯牛奶，盖好盖子。

3 选择"榨汁"功能，榨取果汁。

4 断电后倒出果汁，装入杯中即可。

小叮咛

榨汁前可将苹果去皮，口感会更好。

Part 7

调理宝宝不适，
让妈妈更安心

宝宝体质较弱，容易生病，本章为妈妈们准备了多种宝宝疾病的饮食调养方法。

选对食物，宝宝吃得健康，妈妈更放心。

跟着本章食谱制作疾病调养营养餐，助生病宝宝早日恢复健康身体。

感冒

急性上呼吸道感染是由各种病原体引起的上呼吸道的急性感染，俗称感冒。婴幼儿由于其上呼吸道的解剖和免疫特点而易患本病。本病主要侵犯鼻、鼻咽和咽部，临床表现为鼻塞、流涕、喷嚏、干咳、咽部不适和咽痛等，多有发热，体温可高达 39～40℃。

🍼 喂养须知

● 感冒期间，宝宝胃口不好，消化功能减弱，应多补充易于消化的流质、半流质饮食，如稀饭、菜汤、青菜汁等。

● 多食富含维生素C的果蔬，如柑橘类、苹果、猕猴桃、生菜等，有助于增强宝宝的免疫力。

● 凡感冒期间，无论风寒感冒还是风热感冒，忌吃一切滋补、油腻、酸涩食物，诸如猪肉、鸭肉、鸡肉、羊肉、糯米饭、黄芪、黄精、麦冬、人参、阿胶、海鱼、虾、螃蟹、龙眼肉、石榴、乌梅以及各种黏、糯的甜点。

扫一扫二维码
视频同步学美味

葱乳饮

🥬 **原料** 葱白25克，牛奶100毫升

做法

1 在洗净的葱白上划一刀。

2 取茶杯，倒入牛奶，加入葱白。

3 往蒸锅中注水烧开，揭开盖，放入茶杯，盖上盖，用小火蒸10分钟。

4 揭开盖，取出蒸好的葱乳饮，夹出葱段，待稍微放凉即可饮用。

葱白姜汤面

原料

面条160克，姜丝、葱丝各少许

调料

盐、鸡粉各2克，食用油适量

做法

1 用油起锅，倒入姜丝、葱丝，爆香。

2 注入适量清水，用大火煮沸。

3 倒入面条，拌匀，煮至熟软。

4 加入盐、鸡粉，煮至入味。

5 关火后盛出煮好的面条即可。

小叮咛

可根据宝宝的口味增减姜、葱的用量。

扫一扫二维码
视频同步学美味

发热

发热，是婴幼儿的常见症状之一，它是人体患病的一种防御性反应，同时也是一种消耗性病症。能引起发热的原因有很多，归纳起来可分为两类：感染性和非感染性。临床可表现为体温升高、面赤唇红、烦躁不安、呼吸急促等症状。

喂养须知

● 发热的宝宝不要吃刺激性食物，因为刺激性食物可使机体代谢增强，产热增多，会导致宝宝发热不退。不宜让孩子过量进食，不宜给孩子吃海鲜以及过咸、油腻的菜肴，以防引起过敏或刺激呼吸道，加重症状。

● 不盲目禁口，以防宝宝营养不良、抵抗力下降。饮食以清淡、易消化为原则，少量多餐。

● 稍大的宝宝发热时饮食以流质为主，如米汤、少油的荤汤及各种蔬果汁等。夏季可以喝些绿豆汤，既清凉解暑又有利于补充水分。当宝宝体温下降、食欲好转时，可改为半流质饮食，如藕粉、粥、面片汤等。

扫一扫二维码
视频同步学美味

鲜奶白菜汤

🥗 **原料**　白菜80克，牛奶150毫升，鸡蛋1个，红枣5克

🍲 **调料**　盐2克

做法

1　将白菜切成粗条；将红枣切开，去核。

2　取一个碗，打入鸡蛋，搅散，即成蛋液，备用。

3　往砂锅中注水，倒入红枣，盖上盖，用小火煮15分钟；揭盖，放入牛奶、白菜，盖上盖，续煮至食材熟透。

4　揭盖，加入盐，倒入蛋液，拌匀，煮至蛋花成形；盛出煮好的汤料，装入碗中即可。

绿豆豆浆

原料

水发绿豆100克

调料

白糖适量

小叮咛

泡绿豆时，不能将其放在温度过高的环境中，以免绿豆发芽。

做法

1. 将已浸泡3小时的绿豆倒入大碗中，加入适量清水，搓洗干净；把洗净的绿豆倒入滤网，沥干水分，再倒入豆浆机中，加入适量清水，至水位线即可。

2. 盖上豆浆机机头，选择"五谷"程序，再按下"开始"键，启动豆浆机。

3. 待豆浆机运转约15分钟，即成豆浆。

4. 将豆浆机断电，取下机头；把煮好的豆浆倒入滤网，滤去豆渣。

5. 将豆浆倒入碗中，加入适量白糖，搅拌均匀至其溶化，待稍微放凉后即可饮用。

扫一扫二维码
视频同步学美味

咳嗽

咳嗽是气管或肺部受到刺激后产生的反应，是婴幼儿常见的呼吸道症状。婴幼儿咳嗽多由呼吸道炎症引起，引起炎症的原因包括病毒、细菌感染或过敏等，可涉及鼻炎、咽炎、喉炎、支气管炎、肺炎等多种疾病。异物吸入也是引起婴幼儿咳嗽的常见原因。

喂养须知

● 咳嗽的宝宝要多喝水，除满足身体对水分的需要外，充足的水分还可帮助稀释痰液，使痰易于咳出；并可增加尿量，促进有害物质的排出。

● 饮食要注意清淡、味道爽口，多食新鲜蔬菜，如大白菜、白萝卜、胡萝卜、西红柿等，可以补充多种维生素和无机盐，有利于机体代谢功能的修复。黄豆制品含优质蛋白，能补充由于炎症损耗的组织蛋白，且无增痰助湿之弊。

● 菜肴要避免过咸，尽量以蒸煮为主，不要油炸煎烩。因为孩子咳嗽时胃肠功能比较薄弱，油炸食品可加重胃肠负担，且助湿助热，滋生痰液，使咳嗽难以痊愈。

扫一扫二维码
视频同步学美味

冰糖百合蒸南瓜

🥦 **原料** 南瓜条130克，鲜百合30克

🥄 **调料** 冰糖15克

做法

1 把南瓜条装在蒸盘中。

2 再在蒸盘中放入洗净的鲜百合，撒上冰糖，待用。

3 备好电蒸锅，放入蒸盘，盖上盖，蒸约10分钟，至食材熟透。

4 断电后揭盖，取出蒸盘，稍微冷却后即可食用。

金橘枇杷雪梨汤

原料

雪梨75克，枇杷80克，金橘60克

做法

1 将金橘洗净，切成小瓣。

2 将洗好去皮的雪梨去核，再切成小块。

3 将洗净的枇杷去核，切成小块，备用。

4 往砂锅中注入适量清水烧开，倒入切好的雪梨、枇杷、金橘，搅拌匀，盖上盖，烧开后用小火煮约15分钟。

5 揭盖，搅拌均匀，盛出煮好的雪梨汤，装入碗中即可。

小叮咛

雪梨含水量高，熬煮此汤时，要根据食材的多少添加适量的清水。

扫一扫二维码
视频同步学美味

口腔溃疡

一般来说，婴幼儿出现口腔溃疡的情况多是单发性的，多数情况能够自愈，也是婴幼儿日常最易患的一种口腔黏膜疾病。口腔溃疡多发生在舌部、颊部、软硬腭、前庭沟、上下唇内侧等处。大多是由创伤、缺乏 B 族维生素、感染、心脾过热等因素引起的。

🧁 喂养须知

● 多给宝宝吃一些富含核黄素的食物，如牛奶、动物肝脏、菠菜、胡萝卜、白菜等。督促宝宝多喝水，注意口腔卫生，并保持大便通畅。

● 尽量避免给宝宝喂酸性食物或饮料，避免进食太咸的、辛辣的食物，因为这些食物不但会诱发疼痛，还会刺激溃疡面，使其进一步扩大。

● 禁吃面包末、玉米或土豆片等，因为这些食物研磨后容易黏附在溃疡面，影响其愈合。

● 开水或滚烫的汤并不能杀灭溃疡面的细菌，反而会对溃疡面造成刺激。因此，待食物冷却到室温后再让宝宝进食是较好的选择。

扫一扫二维码
视频同步学美味

苹果西蓝花碎米糊

🍳 **原料** 苹果80克，西蓝花100克，大米65克

🥄 **调料** 盐少许

做法

1 将洗好的苹果切瓣，去核，再切丁；将洗净的西蓝花切成小块。

2 往锅中倒水烧开，倒入西蓝花，拌煮至断生；捞出西蓝花，沥干，备用。

3 取榨汁机，把西蓝花、苹果倒入杯中，加水，榨取果蔬汁，倒入碗中。

4 将大米磨成米碎，盛入碗中，备用。

5 将奶锅置于火上，倒入蔬果汁、米碎，煮至熟，加入盐调味，装碗即可。

甘蔗冬瓜汁

原料

甘蔗汁300毫升，冬瓜270克，橙子120克

做法

1 将洗净的冬瓜切开，去皮，改切成薄片。

2 将洗好的橙子切开，切小瓣，去除果皮。

3 往锅中注水烧开，倒入切好的冬瓜，拌匀，煮5分钟至其熟软，捞出待用。

4 取榨汁机，选择搅拌刀座组合，倒入橙子、冬瓜，加入甘蔗汁，盖好盖，选择"榨汁"功能，榨取蔬果汁。

5 断电后，取下搅拌杯，倒出汁水，装入碗中即可饮用。

小叮咛

可以加少许橙子皮，味道会更香甜。

扫一扫二维码
视频同步学美味

流行性腮腺炎

流行性腮腺炎又名"痄腮"，是由腮腺炎病毒引起的一种急性传染病。腮腺炎病毒可通过唾液、飞沫等方式进行传播。流行性腮腺炎具有一定的潜伏期，通常为 2～3 周，在发病前的 48 小时传染能力最强。临床以发热、耳下腮部漫肿疼痛为主要特征。

喂养须知

● 忌食过酸、过甜或过咸的食物，因为这些食物都会对腮腺口造成刺激，加重病情。给宝宝选择食物时要注意，糖醋炒菜、酸梅汤等都会加重腮腺负担，加重病情。

● 辛辣食物会对口腔造成刺激，使唾液分泌困难，加重病情，如辣椒、芥末、咖喱、姜、蒜等都应禁食。

● 要给宝宝吃易咀嚼和易消化的流质和半流质食物，以减轻其吞咽困难。

● 多给宝宝喝温开水，促进其体内的水循环，增加尿液，以利于其身体内毒素的排出。

芦荟雪梨粥

🥘 **原料** 水发大米180克，芦荟30克，雪梨170克

🥄 **调料** 白糖适量

做法

1 将雪梨切开，去皮去核，果肉切小块；将洗好的芦荟切开，取果肉切小段。

2 往砂锅中注清水烧热，倒入大米，搅拌匀，盖上盖，煮至米粒变软。

3 揭盖，倒入切好的芦荟，放入雪梨块，拌匀，再盖上盖，用小火续煮至食材熟透。

4 盖上盖，加入少许白糖，拌匀，用中火煮至溶化；将煮好的粥装入碗中即可。

苦瓜苹果汁

原料

苹果180克，苦瓜120克

调料

小苏打少许

做法

1 往锅中注水烧开，撒上小苏打，再放入洗净的苦瓜，搅拌匀，煮约半分钟，待苦瓜断生后捞出，沥干水分，待用。

2 将放凉后的苦瓜切丁；将洗净的苹果切开，去除果核，再把果肉切成小块。

3 取榨汁机，选择搅拌刀座组合，倒入切好的食材，注入矿泉水，盖上盖，榨一会儿，使食材榨出汁水。

4 断电后，将汁水装入杯中即可。

小叮咛

食材可以切得小一些，这样能缩短榨汁的时间。

扫一扫二维码
视频同步学美味

125

腹泻

腹泻是一组由多因素引起的以大便次数增多和性状改变为特点的儿科常见病症。临床主要表现为大便次数增多、排稀便和水、电解质紊乱。如治疗得当，婴幼儿很快会痊愈；但不及时治疗以致发生严重的水、电解质紊乱时，可危及婴幼儿生命。

喂养须知

● 刚刚添加辅食的宝宝可能会因为对食物不耐受而发生腹泻。在添加辅食的过程中，如果宝宝发生腹泻，要暂停添加引起腹泻的那种食物。待腹泻停止后再减量添加，观察大便情况。

● 任何原因引起的腹泻都要禁食生冷食物，尤其是雪糕、冷饮等；不要让宝宝吃凉拌菜和水果沙拉，以免影响肠胃功能。放在冰箱冷藏室的食物，需要加热后再吃。

发生急性腹泻时，在最初的3天，暂时让宝宝停止食用肉类食物，尤其是畜肉类。蛋类食物可继续吃，但不能吃油煎蛋；如果腹泻比较严重，可暂停食用蛋清。

扫一扫二维码
视频同步学美味

焦米南瓜苹果粥

🥄 **原料** 大米、南瓜肉各140克，苹果125克

做法

1 将洗好的南瓜肉切开，再切成小块。

2 将苹果去皮洗净，切取果肉，改小块。

3 将锅置于火上，倒入大米，炒出香味，转小火，炒至米粒呈焦黄色；关火后盛出食材，装在盘中，待用。

4 往砂锅中注水烧热，倒入大米，拌匀，煮至米粒变软；倒入南瓜肉，放入苹果块，拌匀；续煮至食材熟透，搅拌一会儿。

5 盛出苹果粥，装在小碗中即可。

南瓜西红柿面疙瘩

原料

南瓜75克，西红柿80克，面粉120克，茴香叶末少许

调料

盐2克，鸡粉1克，食用油适量

小叮咛

搅拌面粉时，要分次加入清水，以免加入太多清水，使面糊太稀。

做法

1 将洗净的西红柿切开，切小瓣。

2 将洗净去皮的南瓜切开，再切成片。

3 把面粉装入碗中，加盐，分次注入清水，搅拌均匀；再倒入食用油，拌匀，至其成稀糊。

4 往砂锅中注水烧开，加盐、食用油、鸡粉，倒入南瓜，搅拌匀，盖上盖，煮至其断生。

5 揭盖，倒入西红柿，拌匀；再盖上盖，烧开后用小火煮约5分钟。

6 揭开锅盖，倒入面糊，搅匀、打散，至面糊呈疙瘩状，拌煮至粥浓稠；盛出煮好的面疙瘩，点缀上茴香叶末即可。

扫一扫二维码
视频同步学美味

便秘

婴幼儿便秘通常表现为排便次数减少，排便困难，粪便干燥、坚硬等症状，有时也会有腹胀、下腹部隐痛、肠鸣及排气等症状。喂养不当是婴幼儿便秘的主要诱发因素，因此，妈妈应合理安排宝宝的饮食，预防便秘的发生。

喂养须知

• 让宝宝多吃富含膳食纤维的蔬菜和水果，使肠蠕动加快，利于排便。妈妈每天必须保证宝宝食用一定量的蔬菜，以深色蔬菜为主，绿叶菜最好占一半左右。每日进食的水果也不能少。

• 多进食富含 B 族维生素的食物，尤其是含维生素 B_1 和维生素 B_2 的食物。B

族维生素在粗杂粮、谷类、坚果、蔬菜、水果中含量丰富，宝宝需要多吃。

• 长期饮水不足也是造成便秘的重要原因，通常 6 岁以下的宝宝每日饮水 600 ~ 1000 毫升，才能有条不紊地维持正常的生理功能，协助营养物质的运输和代谢废物的排出。

扫一扫二维码
视频同步学美味

燕麦苹果豆浆

原料 水发燕麦25克，苹果35克，水发黄豆50克

做法

1 将洗净去皮的苹果去核，切成小块。

2 将已浸泡8小时的黄豆倒入碗中，放入泡发好的燕麦，加入适量清水，用手搓洗干净；将洗好的材料倒入滤网，沥干水分。

3 把苹果倒入豆浆机中，放入洗好的食材，注入适量清水，至水位线即可，盖上豆浆机机头，开始打浆。

4 待豆浆机运转约20分钟，即成豆浆；用滤网滤取豆浆，再倒入碗中，用汤匙撇去浮沫即可。

猕猴桃橙奶

原料

橙子肉80克，猕猴桃50克，牛奶150毫升

做法

1 将去皮洗净的猕猴桃切成片，再切成条，改切成丁。

2 将去皮的橙子肉切成小块。

3 取榨汁机，选搅拌刀座组合，杯中倒入切好的橙子、猕猴桃。

4 再倒入适量牛奶。

5 盖上盖，选择"搅拌"功能，将杯中食材榨成汁。

6 把榨好的猕猴桃橙奶汁倒入碗中即可。

小叮咛

选择颗粒饱满、有弹性、散发出香气的橙子，口感会更佳。

扫一扫二维码
视频同步学美味

湿疹

婴幼儿湿疹是一种慢性、复发性、炎症性皮肤病。湿疹最早见于 2 ~ 3 个月婴儿，大多发生在面颊、额部、眉间和头部，严重时躯干、四肢也有。初期为红斑，以后为小点状丘疹、疱疹，很痒；疱疹破损，渗出液流出，干后形成痂皮。皮损常常呈对称性分布。

🍼 喂养须知

● 如果在饮食方面发现有致敏的食物，如鱼、虾、蟹、牛肉、羊肉、鸡肉、鸭肉、鹅肉等，应彻底禁食，以免引起变态反应，导致宝宝湿疹复发或病情加重。

● 葱、蒜、姜、辣椒、花椒等辛辣刺激的食物，耗阴助阳，容易加重湿疹，应该避免食用。

● 忌发湿、动血、动气食物。中医认为，对患有皮肤湿疹的人来说，要忌吃发湿的食物，如竹笋、芋头、梨、牛肉、葱、姜、蒜、韭菜等；忌吃动血的食物，如慈姑、胡椒等；忌吃动气的食物，如羊肉、莲子、芡实等。

丝瓜粳米泥

🟢 **原料** 丝瓜55克，粳米粉80克

做法

1 将洗净去皮的丝瓜切开，去籽，切成条，再切丁。

2 取一个碗，倒入丝瓜丁、粳米粉，注入适量的清水，充分搅拌匀。

3 将拌好的丝瓜粳米泥倒入蒸碗中，待用。

4 往电蒸锅中注水烧开，放入丝瓜粳米泥，盖上盖，调转旋钮定时15分钟至蒸熟。

5 掀开盖，取出即可食用。

马蹄绿豆汤

原料

马蹄100克，去皮绿豆120克

调料

冰糖30克

做法

1 将洗净去皮的马蹄切成小块，备用。

2 往砂锅中注入适量清水烧开，倒入绿豆，搅拌匀，盖上盖，烧开后用小火煮30分钟。

3 揭盖，加入切好的马蹄，再盖上盖，续煮15分钟，至食材熟透。

4 揭盖，倒入适量冰糖，搅拌均匀，煮至冰糖完全溶化。

5 盛出煮好的甜汤，装入汤碗中即可。

小叮咛

马蹄本身有一定的甜味，所以不要加太多冰糖。

扫一扫二维码
视频同步学美味

过敏

婴幼儿过敏是指婴幼儿免疫系统对外来物质的过分反应。遗传学家认为，若父母一方容易过敏，孩子过敏的可能性为 30% 左右；若父母双方都有过敏，孩子过敏的可能性为 70%。过敏表现包括一般症状和行为改变，常在婴幼儿接触过敏原半小时至数小时后出现。

喂养须知

● 因食物过敏还与遗传因素有关，有食物过敏史的夫妇，怀孕后期要提防曾使自己过敏的食物，以免让宝宝通过母乳间接过敏。哺乳期间，妈妈更要避免吃容易引起过敏的食物。

● 首先给宝宝添加的辅食应是易于消化而又不易引起过敏的食物。米粉可作为试食的首选食物，其次是蔬菜、水果，然后再试食肉、鱼、蛋类。较易引起过敏反应的食物如蛋清、花生、海产品等，易过敏的宝宝 1 岁以后才可食用。

● 给宝宝添加辅食要按照由一种到多种的原则，由少到多，由细到粗，由稀到稠，以便观察宝宝胃肠道的耐受性和接受能力，观察宝宝有无食物过敏，减少一次进食多种食物可能带来的不良后果。

扫一扫二维码
视频同步学美味

胡萝卜南瓜粥

原料

水发大米80克，南瓜90克，胡萝卜60克

做法

1. 将洗好的胡萝卜切成粒，将洗净去皮的南瓜切成粒，备用。

2. 往砂锅中注水烧开，倒入大米，放入南瓜、胡萝卜，搅拌均匀，盖上锅盖，煮至食材熟软。

3. 揭盖，搅拌一会儿，盛出即可。

香蕉粥

 原料

去皮香蕉250克，水发大米
400克

做法

1 将洗净的香蕉切丁。

2 往砂锅中注入适量清水，用大火烧开，倒入
大米，拌匀。

3 加盖，大火煮20分钟至熟。

4 揭盖，放入香蕉。

5 加盖，续煮2分钟至食材熟软。

6 揭盖，搅拌均匀。

7 关火，将煮好的粥盛出，装入碗中即可。

小叮咛

煮香蕉的时间不要太长，否则会变
软，影响口感。

扫一扫二维码
视频同步学美味

佝偻病

小儿佝偻病就是人们常说的软骨病，是婴幼儿常见的一种慢性营养缺乏病，主要的特征是生长着的长骨干骺端软骨板和骨组织钙化不全。主要发病原因是体内缺乏维生素D，这是一种骨基质钙化障碍疾病，会引起体内钙、磷代谢紊乱，而使骨骼钙化不良。

🍼 喂养须知

● 宝宝出生后4个月内尽可能给予纯母乳喂养，第5个月起添加辅食。注意添加含铁、钙、维生素D、维生素C、维生素B$_{12}$、叶酸丰富的食物，如鱼、瘦肉、猪肝、蛋黄、豆汁、菜末、菜汤和软豆腐等。

● 多吃含钙多的食物，如鲜奶、酸奶、奶酪等奶制品。另外蔬菜也是钙质的重要来源，如金针菜、胡萝卜、小白菜、小油菜，并含有丰富的维生素，平日应多吃。鸡蛋在生活中不可缺少，其含钙量亦较高。

● 少喝或不喝碳酸饮料，以免妨碍宝宝对营养物质的吸收。

扫一扫二维码
视频同步学美味

牛奶玉米鸡蛋羹

🥄 **原料**　牛奶250毫升，玉米粒60克，鸡蛋20克

🥄 **调料**　盐2克，白糖6克

做法

1　将备好的鸡蛋打散搅匀，待用。

2　将牛奶倒入锅中，注入适量清水，放入备好的玉米粒，煮至熟。

3　放入盐、白糖，搅拌片刻，倒入鸡蛋液，关火，缓缓搅散。

4　将煮好的蛋羹盛出，装入碗中即可。

猪骨高汤

原料

猪骨段350克，白萝卜160克，洋葱40克，葱条、生姜各少许

调料

料酒8毫升

小叮咛

熬制猪骨时要搅拌几次，以免粘锅，产生煳味，破坏汤汁的鲜味。

做法

1 将洗净的洋葱切开，掰成小片。

2 将去皮洗净的白萝卜切滚刀块。

3 将去皮洗净的姜用刀拍裂成小块。

4 将洗好的葱条切长段。

5 往锅中注入适量清水烧开，倒入洗净的猪骨段，用大火略煮，淋入少许料酒，拌匀；撇去浮沫，捞出猪骨，沥干水分，待用。

6 往砂锅中注入适量清水烧开，倒入猪骨、白萝卜，放入洋葱片、葱段、姜块，淋入少许料酒，盖上盖，烧开后用小火煮约2小时。

7 揭盖，盛出煮好的汤汁，装入碗中即成。

扫一扫二维码
视频同步学美味

Part 8

功能营养餐，让宝宝聪明又健康

还在担心宝宝不够聪明、胃口不好、个子不高吗？

吃对食物，这些都不是问题。

妈妈亲手做功能餐，养育聪明宝贝从现在开始。

本章推荐多种宝宝功能餐，为宝宝身体、智力发育等打好基础。

宝宝开胃食谱

宝宝胃口不好、食欲不振和饭后难以消化都是常见的情况，中医认为这是由脾胃虚弱、肝胃不和或饮食不节造成的。尤其在夏季，宝宝出汗较多，引起水、电解质代谢失衡，甚至酸碱失衡，导致胃液酸度降低，进而影响食欲和消化功能。

喂养须知

● 能刺激食欲的食材主要分为三类：第一类是富含锌、铁等微量元素的食物，如黑米、荞麦、香菇、木耳等；第二类是本身有健胃消食作用的食物，如山楂、陈皮等；第三类是颜色鲜艳的食物，如胡萝卜、黄瓜、西红柿等。妈妈们可以为宝宝挑选这三类开胃的食材。

● 妈妈们可以通过改变食物的形状和颜色来增强宝宝的食欲，如将食物做成有趣的动漫形象或选用形状可爱的饭碗、小叉和小勺等。

● 中医认为，宝宝不宜食用肥甘厚味及燥热之品，饮食调理宜以清补为原则，如鲫鱼、瘦猪肉、豆类、薏米、百合等。

萝卜豆腐梅子浓汤

🥣 **原料** 去皮白萝卜60克，豆腐50克，油麦菜40克，柴鱼片6克，梅子肉5克

🥄 **调料** 盐3克

做法

1 将白萝卜切成块，将洗净的豆腐切成小块，将洗净的油麦菜拦腰切断。

2 往榨汁杯中倒入白萝卜、豆腐、油麦菜、梅子肉、柴鱼片，注入凉开水，加入盐，盖上盖，榨半分钟，将汁水装碗，盖上保鲜膜。

3 备好微波炉，放入食材，加热70秒钟，打开箱门，撕开保鲜膜，即可食用。

陈皮蜜茶

原料

水发陈皮40克

调料

蜂蜜20克

做法

1 将泡好的陈皮剪成小块，待用。

2 取出备好的萃取壶，通电后往内胆中注入适量清水至最高水位线，放入漏斗，倒入切好的陈皮。

3 扣紧壶盖，按下"开关"键，选择"萃取"功能，机器进入工作状态，煮约5分钟至陈皮有效成分析出。

4 待指示灯跳至"保温"状态，拧开壶盖，取出漏斗，将煮好的陈皮茶倒入杯中。

5 待陈皮茶放凉后，加入蜂蜜，搅拌均匀即可。

小叮咛

一定要将陈皮茶放至不烫时再加入蜂蜜，这样才不会破坏蜂蜜中的营养成分。

扫一扫二维码
视频同步学美味

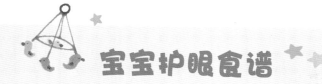

宝宝护眼食谱

一双明亮、健康的眼睛可帮助宝宝更清晰、精确地感知外界信息，在大脑皮层形成更多视觉记忆，从而促进大脑开发，提升智力水平。因此，在宝宝成长的过程中，视力发育至关重要，而充足的营养则是视力发育的物质基础。

🍼 喂养须知

● 维生素 A 能保护眼睛的组织、结构，维持眼睛视紫质的正常功能，预防和治疗夜盲症、干眼症。宝宝应当多吃富含维生素 A 的食材，如胡萝卜、猪肝、菠菜、花菜等。

● 维生素 B_1 能保护视神经，维持正常视力，防止视神经退化。富含维生素 B_1 的食材包括豆浆、牛奶等，且宝宝容易消化吸收。

● 多吃富含维生素 C 的水果，如刺梨、草莓、猕猴桃、柠檬、橙子等，能保护晶状体免受氧化损伤，让眼睛更加明亮。

● 少让宝宝吃冰激凌、蛋糕、糖果等甜食。此类食物含较高的糖分，食用过多会影响钙的吸收，使眼球巩膜弹性降低，甚至引起渗透压改变而使晶状体变凸，导致近视。

扫一扫二维码
视频同步学美味

胡萝卜黑豆饭

🥄 **原料** 水发黑豆、豌豆各60克，水发大米100克，胡萝卜65克

做法

1 将洗净去皮的胡萝卜切厚片，切条，再切丁。

2 往奶锅中注水烧开，倒入黑豆、豌豆，拌匀，焯煮片刻，捞出，沥干，放凉。

3 将黑豆和豌豆混合在一起细细切碎。

4 往奶锅中注水烧开，倒入大米、黑豆和豌豆碎、胡萝卜丁，拌匀，煮开，撇去浮沫，煮20分钟；关火，在锅里焖5分钟。

5 掀开锅盖，将饭盛出装入碗中即可。

菠菜猪肝汤

原料

菠菜100克，猪肝70克，姜丝、胡萝卜片各少许，高汤适量

调料

盐、葱油、鸡粉各适量

做法

1 将猪肝洗净切片，备用。

2 将菠菜洗净，对半切开。

3 往锅中倒入高汤，放入姜丝，加入适量盐，倒入猪肝，拌匀，煮沸。

4 放入菠菜、胡萝卜片拌匀，煮1分钟至熟透；淋入少许葱油，撒入适量鸡粉，拌匀。

5 将做好的菠菜猪肝汤盛出即可。

小叮咛

烹饪菠菜前，将其放入热水中焯煮片刻，可减少草酸含量。

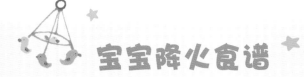

宝宝降火食谱

宝宝属于"纯阳之体"，体质偏热，一年四季之中温差变化显著的时候都容易"上火"。而且，宝宝由于脏腑娇嫩，肠胃处于发育阶段，消化功能尚不健全，稍有饮食不当就容易造成食积化热而"上火"，因此，要格外注意饮食。

喂养须知

● 多吃新鲜水果和蔬菜。因为果蔬除了含有大量水分外，还富含维生素、矿物质和膳食纤维，这些营养素不但有助于宝宝的生长发育，还可以起到清热解毒的作用。

● 可以增加液体的摄入量。多喝凉白开、果汁、绿豆汤、鱼汤等，以清理肠道，排出废物，避免"上火"加重。

● 给宝宝提供平衡膳食。要做到主副食以及粗细、荤素、干稀搭配合理。

● 要让宝宝少吃"上火"的食物。少吃巧克力、花生、炸鸡、炸薯条等食物，以及龙眼、荔枝、芒果等热性水果，同时尽量少吃用油炸或红烧方法烹制的过于油腻的食物。

扫一扫二维码
视频同步学美味

芦笋马蹄藕粉汤

🥦 **原料** 马蹄肉50克，芦笋40克，藕粉30克

做法

1 将洗净去皮的芦笋切丁。

2 将洗好的马蹄肉切开，改切成小块。

3 把藕粉装入碗中，倒入适量温开水，调匀，制成藕粉糊，待用。

4 往砂锅中注水烧热，倒入切好的食材，拌匀，煮至汤汁沸腾。

5 再倒入藕粉糊，拌至其溶入汤汁中。

6 盛出煮好的藕粉汤，装碗即可。

苦瓜胡萝卜粥

原料

水发大米140克，苦瓜45克，胡萝卜60克

做法

1　将洗净去皮的胡萝卜切片，再切条，改切成粒。

2　将洗好的苦瓜切开，去瓜瓤，再切条形，改切成丁，备用。

3　往锅中注水烧开，倒入备好的大米、苦瓜丁、胡萝卜粒，搅拌均匀。

4　盖上锅盖，烧开后用小火煮约40分钟至食材熟软。

5　揭开锅盖，搅拌一会儿，关火后盛出煮好的粥即可。

小叮咛

最好把苦瓜内的瓤清理干净，以减轻苦味。

扫一扫二维码
视频同步学美味

宝宝长高食谱

婴儿期宝宝的生长通常不受遗传影响，营养才是影响宝宝生长的关键因素。婴儿在8个月后逐渐向儿童期过渡，此时营养跟不上就会影响成年身高。所以，为了让宝宝长高个，把握好其营养需求非常重要。

喂养须知

● 食物要尽量多样化。尤其在婴幼儿期，尽量让宝宝接触丰富多样的食物，不但能保证营养供应全面，而且能防止宝宝以后挑食，为宝宝长高助力。

● 钙、锌这两种矿物质与生长发育有着密切的关系。应在饮食中适当补充含钙、锌丰富的食物，如牛奶、大米、牛肉、鸡蛋、虾等。

● 某些蔬菜中含有草酸，进入体内会与钙结合，降低钙的利用率。若将此类蔬菜先在开水中焯一下，则有利于钙的吸收。

● 少吃含糖高的食物。甜品、饼干等食物摄入过多会阻碍钙的吸收，软化骨骼，应少吃。

扫一扫二维码
视频同步学美味

骨头汤

🥣 **原料** 猪大骨850克，姜片、葱花各少许

🥣 **调料** 盐、鸡粉各2克，胡椒粉少许

做法

1 往锅中注入适量的清水，以大火烧开，倒入洗净的猪大骨，氽煮去除血水和杂质，捞出，沥干水分，待用。

2 往砂锅中注水烧开，倒入猪大骨、姜片，拌匀，盖上盖，炖1小时。

3 掀开盖，加入盐、鸡粉、胡椒粉，搅拌调味。

4 将煮好的汤盛出装入碗中，撒上葱花即可。

西蓝花虾皮蛋饼

原料

西蓝花、面粉各100克，鸡蛋2个，虾皮10克

调料

盐2克，食用油适量

做法

1 将洗净的西蓝花切成小朵。

2 取一碗，倒入面粉，加入盐，拌匀。

3 打入一个鸡蛋，拌匀；再打入另一个鸡蛋，倒入虾皮，拌匀；放入西蓝花，搅拌均匀。

4 用油起锅，放入面糊，铺平，煎约5分钟至两面呈金黄色；取出煎好的蛋饼，装入盘中。

5 将蛋饼放在砧板上，切去边缘不平整的部分，再切成块状，装入盘中即可。

小叮咛

面糊不要调得太稠了，否则做出来的饼不松软。

扫一扫二维码
视频同步学美味

宝宝增强免疫力食谱

免疫力是宝宝不可缺少的防御疾病的能力。宝宝刚出生时，可以从母乳中获得免疫力；而随着自身免疫系统的不断健全，宝宝开始依靠自身力量去对抗疾病。日常饮食调理是增强宝宝免疫力较为理想的途径。

🧁 喂养须知

● 缺乏维生素C时，白细胞的战斗力会减弱，宝宝也易生病；锌是人体内多种酶的构成成分，能帮助宝宝提高自身免疫力。所以，宝宝应多吃富含维生素C和锌的食物。

● 坚持均衡饮食。如果有营养不良、情绪紧张或饮食不平衡等情况，宝宝的抗病能力会减弱。要纠正这种失衡，可以依靠益生菌，酸奶中就含有丰富的益生菌，宝宝可以常喝。

● 水能使鼻腔和口腔内的黏膜保持湿润，能很容易透过细胞膜而被身体吸收，使乳酸脱氢酶活力增强，从而有效地提高人体的抗病能力和免疫能力。所以宝宝要多补充水分。

扫一扫二维码
视频同步学美味

木耳枸杞蒸蛋

🥚 **原料** 鸡蛋2个，木耳1朵，水发枸杞少许

🥄 **调料** 盐2克

做法

1 将洗净的木耳切粗条，改切成块。

2 取一碗，打入鸡蛋，加入盐，搅散；倒入适量温水，加入木耳，拌匀。

3 往蒸锅里注入适量清水烧开，放上碗，加盖，用中火蒸10分钟至熟。

4 揭盖，关火后取出蒸好的鸡蛋，放上枸杞即可。

猕猴桃炒虾球

原料

猕猴桃60克，鸡蛋1个，胡萝卜70克，虾仁75克

调料

盐4克，水淀粉、食用油各适量

小叮咛

炸虾仁时，要控制好时间和火候，以免炸得过老，影响成品口感。

做法

1 将去皮洗净的猕猴桃切小块，将胡萝卜切丁。

2 将虾仁从背部切开，去除虾线，装入碗中，加少许盐、水淀粉，抓匀，腌渍10分钟至入味。

3 将鸡蛋打入碗中，放入盐、水淀粉，打散。

4 往锅中倒入适量清水烧开，放入2克盐，倒入胡萝卜，煮1分钟至断生，捞出，备用。

5 热锅注油，倒入虾仁，炸至转色，捞出。

6 锅底留油，倒入蛋液，炒熟；把炒好的鸡蛋盛出，装入碗中，待用。

7 用油起锅，倒入胡萝卜、虾仁、鸡蛋、盐、猕猴桃，炒匀；倒入水淀粉，炒至入味，盛出装盘即可。

扫一扫二维码
视频同步学美味

宝宝益智食谱

宝宝自出生后大脑继续发育，功能也日趋成熟和复杂化。尤其是 0 ~ 7 岁期间，是宝宝智力发育的高峰期，在这个时期供给宝宝充足的营养素，将对宝宝的大脑发育和智力发展起到重要的作用。

喂养须知

● 碳水化合物可分解产生葡萄糖，为大脑活动提供能量；蛋白质、不饱和脂肪酸、维生素和钙是大脑神经细胞的营养物质，所以，膳食应营养均衡。

● 卵磷脂是构成大脑及神经组织的重要成分，而二十二碳六烯酸（DHA，俗称"脑黄金"）和二十碳四烯酸（ARA）则有助于儿童大脑的发育，富含卵磷脂、DHA 和 ARA 的食材有黄豆、蛋黄、核桃、深海鱼等。

● 油腻食物，如冰激凌、油炸薯条等脂肪含量高，长期食用会阻碍宝宝大脑的发育，降低宝宝的记忆力和学习能力。

扫一扫二维码
视频同步学美味

桃仁粥

🥣 **原料** 核桃仁10克，大米350克

做法

1 将核桃仁切碎，备用。

2 往砂锅中注入适量清水烧热，倒入洗好的大米，拌匀，盖上盖，用大火煮开后转小火煮40分钟至大米熟软。

3 揭盖，倒入切碎的核桃仁，拌匀，略煮片刻。

4 关火后盛出煮好的粥，装入碗中，待稍微放凉后即可食用。

鳕鱼粥

原料

鳕鱼肉120克，水发大米150克

调料

盐少许

小叮咛

蒸鳕鱼的时间不宜太久，以免影响口感。

做法

1. 蒸锅上火烧开，放入处理好的鳕鱼肉，盖上锅盖，用中火蒸约10分钟至鱼肉熟。

2. 揭开锅盖，取出鳕鱼肉，放凉后将其压成泥，备用。

3. 往砂锅中注水烧开，倒入洗净的大米，搅拌均匀。

4. 盖上锅盖，烧开后用小火煮约30分钟至大米熟软。

5. 揭开锅盖，倒入鳕鱼肉，搅拌匀，加入少许盐，煮至粥入味。

6. 关火后盛出鳕鱼粥，装入碗中即可食用。

扫一扫二维码
视频同步学美味

花生汤

原料

牛奶218毫升，冰糖46克，枸杞7克，水发花生186克

做法

1. 将花生剥皮，留花生肉。
2. 往热锅里注水煮沸，放入花生肉，搅拌一会儿。
3. 盖上盖，转小火焖煮30分钟。
4. 待花生焖干水分，倒入牛奶、冰糖，搅拌均匀，加入枸杞煮沸。
5. 烹制好后，关火，将食材捞起。
6. 放入备好的碗中即可。

小叮咛

煮花生时要有耐心，煮够时间花生才能够熟透。

扫一扫二维码
视频同步学美味